U0176399

冯·诺依曼

冯·诺依曼

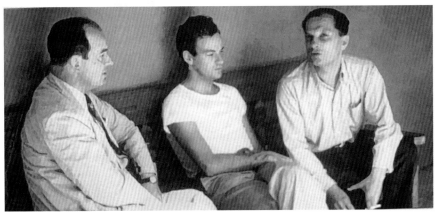

冯·诺依曼（左）、物理学家费曼（中）和乌拉姆（右）在洛斯阿拉姆斯实验室讨论问题

冯·诺依曼（左二）和他领导的天气预报小组在首次成功完成天气预报计算后合影

冯·诺依曼与普林斯顿高等研究院（IAS）计算机

冯·诺依曼纪念邮票

SCIENCE & HUMANITIES

数学在科学和社会中的作用

◆◆◆—— 数学家思想文库
丛书主编 李文林

[美] 冯·诺依曼 / 著

程钊 王丽霞 杨静 / 编译

The Role
of Mathematics
in the Sciences
and in Society

大连理工大学出版社
Dalian University of Technology Press

图书在版编目(CIP)数据

数学在科学和社会中的作用／（美）冯·诺伊曼著；
程钊，王丽霞，杨静编译. -- 大连 ：大连理工大学出版
社，2023.1

（数学家思想文库／李文林主编）

ISBN 978-7-5685-4013-1

Ⅰ．①数… Ⅱ．①冯… ②程… ③王… ④杨… Ⅲ.
①应用数学 Ⅳ．①O29

中国版本图书馆 CIP 数据核字(2022)第 233979 号

SHUXUE ZAI KEXUE HE SHEHUI ZHONG DE ZUOYONG

大连理工大学出版社出版

地址:大连市软件园路 80 号　邮政编码:116023
发行:0411-84708842　邮购:0411-84708943　传真:0411-84701466
E-mail:dutp@dutp.cn　URL:https://www.dutp..cn

辽宁新华印务有限公司印刷　　　　大连理工大学出版社发行

幅面尺寸:147mm×210mm　插页:2　印张:8.75　字数:173 千字
2023 年 1 月第 1 版　　　　　　2023 年 1 月第 1 次印刷

责任编辑:王　伟　　　　　　　　　　责任校对:李宏艳
封面设计:冀贵收

ISBN 978-7-5685-4013-1　　　　　　　　定　价:69.00 元

本书如有印装质量问题,请与我社发行部联系更换。

合辑前言

"数学家思想文库"第一辑出版于 2009 年,2021 年完成第二辑。现在出版社决定将一、二辑合璧精装推出,十位富有代表性的现代数学家汇聚一堂,讲述数学的本质、数学的意义与价值,传授数学创新的方法与精神……大师心得,原汁原味。关于编辑出版"数学家思想文库"的宗旨与意义,笔者在第一、二辑总序"读读大师,走近数学"中已做了详细论说,这里不再复述。

当前,我们的国家正在向第二个百年奋斗目标奋进。在以创新驱动的中华民族伟大复兴中,传播普及科学文化,提高全民科学素质,具有重大战略意义。我们衷心希望,"数学家思想文库"合辑的出版,能够在传播数学文化、弘扬科学精神的现代化事业中继续放射光和热。

合辑除了进行必要的文字修订外,对每集都增配了相关数学家活动的图片,个别集还增加了可读性较强的附录,使严肃的数学文库增添了生动活泼的气息。

从第一辑初版到现在的合辑，经历了十余年的光阴。其间有编译者的辛勤付出，有出版社的锲而不舍，更有广大读者的支持斧正。面对着眼前即将面世的十册合辑清样，笔者与编辑共生欣慰与感慨，同时也觉得意犹未尽，我们将继续耕耘！

李文林

2022 年 11 月于北京中关村

读读大师　走近数学

——"数学家思想文库"总序

数学思想是数学家的灵魂

数学思想是数学家的灵魂。试想：离开公理化思想，何谈欧几里得、希尔伯特？没有数形结合思想，笛卡儿焉在？没有数学结构思想，怎论布尔巴基学派？……

数学家的数学思想当然首先体现在他们的创新性数学研究之中，包括他们提出的新概念、新理论、新方法。牛顿、莱布尼茨的微积分思想，高斯、波约、罗巴切夫斯基的非欧几何思想，伽罗瓦"群"的概念，哥德尔不完全性定理与图灵机，纳什均衡理论，等等，汇成了波澜壮阔的数学思想海洋，构成了人类思想史上不可磨灭的篇章。

数学家们的数学观也属于数学思想的范畴，这包括他们对数学的本质、特点、意义和价值的认识，对数学知识来源及其与人类其他知识领域的关系的看法，以及科学方法论方面的见解，等等。当然，在这些问题上，古往今来数学家们的意见是很不相同，有时甚至是对立的。但正是这些不同的声音，合成了理性思维的交响乐。

正如人们通过绘画或乐曲来认识和鉴赏画家或作曲家一样，数学家的数学思想无疑是人们了解数学家和评价数学家的主要依据，也是数学家贡献于人类和人们要向数学家求知的主要内容。在这个意义上我们可以说：

"数学家思，故数学家在。"

数学思想的社会意义

数学思想是不是只有数学家才需要具备呢？当然不是。数学是自然科学、技术科学与人文社会科学的基础，这一点已越来越成为当今社会的共识。数学的这种基础地位，首先是由于它作为科学的语言和工具而在人类几乎一切知识领域获得日益广泛的应用，但更重要的恐怕还在于数学对于人类社会的文化功能，即培养发展人的思维能力，特别是精密思维能力。一个人不管将来从事何种职业，思维能力都可以说是无形的资本，而数学恰恰是锻炼这种思维能力的"体操"。这正是为什么数学会成为每个受教育的人一生中需要学习时间最长的学科之一。这并不是说我们在学校中学习过的每一个具体的数学知识点都会在日后的生活与工作中派上用处，数学对一个人终身发展的影响主要在于思维方式。以欧几里得几何为例，我们在学校里学过的大多数几何定理日后大概很少直接有用甚或基本不用，但欧氏几何严格的演绎思想和推理方法却在造就各行各业的精英人才方面有着毋庸否定的意义。事实上,从牛顿的《自然哲学的数学原理》到爱因斯坦的相对论著作,从法国大革命的《人权宣言》到马克思的《资本论》,乃至现代诺贝尔经济学奖得主们的论著中,我们都不难看到欧几里得的身影。另一方面,数学的定量化思想更是以空前的广度与深度向人类几乎所有的知识领域渗透。数学,从严密的论证到精确的计算,为人类提供了精密思维的典范。

一个戏剧性的例子是在现代计算机设计中扮演关键角色的"程序内存"概念或"程序自动化"思想。我们知道,第一台电子计算机(ENIAC)在制成之初,由于计算速度的提高与人工编制程序的迟缓之间的尖锐矛盾而濒于夭折。在这一关键时刻,恰恰是数学家冯·诺依曼提出的"程序内存"概念拯救了人类这一伟大的技术发明。直到今天,计算机设计的基本原理仍然遵循着冯·诺依曼的主要思想。冯·诺依曼因此被尊为"计算机之父"(虽然现在知道他并不是历史上提出此种想法的唯一数学家)。像"程序内存"这样似乎并非"数学"的概念,却要等待数学家并且是冯·诺依曼这样的大数学家的头脑来创造,这难道不耐人寻味吗?

因此,我们可以说,数学家的数学思想是全社会的财富。数学的传播与普及,除了具体数学知识的传播与普及,更实质性的是数学思想的传播与普及。在科学技术日益数学化的今天,这已越来越成为一种社会需要了。试设想:如果越来越多的公民能够或多或少地运用数学的思维方式来思考和处理问题,那将会是怎样一幅社会进步的前景啊!

读读大师　走近数学

数学是数与形的艺术,数学家们的创造性思维是鲜活的,既不会墨守成规,也不可能作为被生搬硬套的教条。了解数学家的数学思想当然可以通过不同的途径,而阅读数学家特别是数学大师的原始著述大概是最直接、可靠和富有成效的做法。

数学家们的著述大体有两类。大量的当然是他们论述自己的数学理论与方法的专著。对于致力于真正原创性研究的数学工作者来说,那些数学大师的原创性著作无疑是最生动的教材。拉普拉斯就常常对年轻人说:"读读欧拉,读读欧拉,他是我们所有人的老师。"拉普拉斯这里所说的"所有人",恐怕主要是指专业的数学家和力学家,一般人很难问津。

数学家们另一类著述则面向更为广泛的读者,有的就是直接面向公众的。这些著述包括数学家们数学观的论说与阐释(用哈代的话说就是"关于数学"的论述),也包括对数学知识和他们自己的数学创造的通俗介绍。这类著述与"板起面孔讲数学"的专著不同,具有较大的可读性,易于为公众接受,其中不乏脍炙人口的名篇佳作。有意思的是,一些数学大师往往也是语言大师,如果把写作看作语言的艺术,他们的这些作品正体现了数学与艺术的统一。阅读这些名篇佳作,不啻是一种艺术享受,人们在享受之际认识数学,了解数学,接受数学思想的熏陶,感受数学文化的魅力。这正是我们编译出版这套"数学家思想文库"的目的所在。

"数学家思想文库"选择国外近现代数学史上一些著名数学家论述数学的代表性作品,专人专集,陆续编译,分辑出版,以飨读者。第一辑编译的是 D. 希尔伯特(D. Hilbert,1862—1943)、G. 哈代(G. Hardy,1877—1947)、J. 冯·诺依曼(J. von Neumann,1903—1957)、布尔巴基(Bourbaki,1935—　)、M. F. 阿蒂亚(M. F. Atiyah,1929—2019)等 20 世纪数学大师的文集(其中哈代、布尔巴基与阿蒂亚的文集属再版)。第一辑出版后获得了广大读者的欢迎,多次重印。受此鼓舞,我们续编了"数学家思想文库"第二辑。第二辑选编了F. 克莱因(F. Klein,1849—1925)、H. 外尔(H. Weyl,1885—1955)、A. N. 柯尔莫戈洛夫(A. N. Kolmogorov,1903—1987)、华罗庚(1910—1985)、陈省身(1911—2004)等数学巨匠的著述。这些文集中的作品大都短小精练,魅力四射,充满科学的真知灼见,在国内外流传颇广。相对而言,这些作品可以说是数学思想海洋中的珍奇贝壳、数学百花园中的美丽花束。

我们并不奢望这样一些"贝壳"和"花束"能够扭转功利的时潮,但我们相信爱因斯坦在纪念牛顿时所说的话:

"理解力的产品要比喧嚷纷扰的世代经久，它能经历好多个世纪而继续发出光和热。"

我们衷心希望本套丛书所选编的数学大师们"理解力的产品"能够在传播数学思想、弘扬科学文化的现代化事业中放射光和热。

读读大师，走近数学，所有的人都会开卷受益。

李文林

（中科院数学与系统科学研究院研究员）

2021 年 7 月于北京中关村

序

李文林

如果要举出四位 20 世纪最伟大的数学家，我认为冯·诺依曼应在其列。这当然会有争议。事实上，评价数学家的标准本身就不无争议，我们还是先来看看冯·诺依曼的科学生涯及其数学研究工作。

冯·诺依曼 1903 年 12 月生于布达佩斯一个富有的犹太家庭，在布达佩斯大学取得数学博士学位。1930 年受邀到普林斯顿大学讲学。三年后，他被选为新建立的普林斯顿高等研究院的终身教授。

冯·诺依曼早年的研究兴趣主要在纯粹数学方面。他选择的第一个领域是集合论，在当时这是非常吸引年轻数学家的理论前沿。早在 1923 年，他在一篇论文中给出了以后被普遍采用的序数的新定义。1925 年，他引进了一种集合论的公理体系(参阅本书所译的"集合论的一种公理化"。有学者指出，冯·诺依曼在这篇文章里甚至模糊地预告了哥德尔不完全性定理)。集合论的研究引导冯·诺依曼卷入了 20 世纪关于数学基础的大讨论(参阅本书所译的"形式主义的数学基础"),意味深长的是他在这方面的形式主义观点却潜藏了他日后对计算机逻辑设计做出巨大贡献的机缘。从 20 世纪 20 年代后期起,冯·诺依曼发展了希尔伯特空间理论,并建立了"算子环"论,现称"冯·诺依曼代数",他本人把这方面的研究成果看作自己的三大数学工作之一。对希尔伯特空间与算子理论的研究使冯·诺依曼凭借得天独厚的条件为量子力学奠定了严格的数学基础,量子力学的公理化是 20 世纪载入史册的数学物理重大成就之一。冯·诺依曼这方面的工作总结在 1932 年出版的《量子力学的数学基础》(本书摘译了这部经典著作的前言)之中。1933 年,冯·诺依曼对紧致群解决了希尔伯特第 5 问题,他证明了:每一个紧致的 n 维拓扑群都连续同构于有限维欧几里得空间的酉阵闭群。这项出色的结果使冯·诺依曼作为一个纯粹数学家而声誉甚隆。

1940 年是冯·诺依曼科学生涯的转折点,他在应用数学方面的才能使他在第二次世界大战期间备受重视。为了战争的需要,他直接投入核武器的研究工作,特别是从 1943 年起担任洛斯·阿拉莫斯(Los Almas)原子弹研制计划的顾问,帮助设计原子弹的最佳方案。在这里他遇到大量的计算问题。一个偶然的机遇使冯·诺依曼参与了世界第一台电子计算机 ENIAC(Electronic Numerical Integrator and Computer)的研制,并在 1945 年提出了存储程序通用电子计算机 EDVAC(Electronic Discrete Variable Automatic Computer)方案

（"关于 EDVAC 报告的第一份草稿"，本书节译了其主要部分）。这份史称"101 页报告"的文件，开辟了计算机发展史的新时代。这份报告提供了一个伟大的数学头脑如何决定现代计算机技术发展方向的鲜活案例。计算机的逻辑图式，现代计算机中存储、速度、基本指令的选取以及线路等相互作用的设计，都深深受到冯·诺依曼思想的影响（**关于冯·诺依曼的计算机设计思想，还可参阅本书所译的"论大规模计算机器的原理"**）。现代存储程序通用计算机迄今仍被称为"冯·诺依曼型"计算机，冯·诺依曼被誉为"现代计算机之父"（尽管还有其他数学家如图灵等也提出了诸如存储程序等相同的计算机设计思想）。冯·诺依曼对计算机的兴趣后来又扩展到一般的自动机理论（**参阅本书所译的"自动机的一般理论和逻辑理论"**）。

单是对现代计算机这一项贡献，就足以使冯·诺依曼在数学史乃至科学史上流芳百世。然而冯·诺依曼对应用数学的贡献却涉及众多领域，并且几乎都是开创性或奠基性的。他在 20 世纪 30 年代晚期创立了博弈论（Game Theory，又称对策论），并应用于经济领域。他与奥斯卡·摩根斯坦（Oskar Morgenstern，1902—1977）合著的《博弈论与经济行为》（*Theory of Game and Economic Behavior*，1944）是现代数理经济学的开山之作（**本书节译了其部分内容，"经济学中的数学方法"**）。冯·诺依曼在计算机设计的研究中已敏锐地意识到计算速度的提高不仅依赖于机器速度的提高，而且倚重于计算方法的改进。他关于高阶矩阵求逆等计算方法的研究,使他成为数值分析的奠基人。冯·诺依曼还是数值天气预报的先驱,他领导的研究小组利用第一台电子计算机ENIAC实现了人类历史上首次成功的天气预报数值计算。冯·诺依曼有一种超凡的能力,能透过问题复杂的表面提取实质,使之可用数学方法分析。也许正是这种能力,使他能得心应手地驰骋于应用数学王国。

除以上所述,在实变函数与测度论、格论与连续几何、变分法、流体力学等许多领域,冯·诺依曼都留下了创造印记。很难在这里全面概括冯·诺依曼极其丰富而广泛的科学贡献,但仅从以上极简略的描述,人们也许就会对认为庞加莱是"最后的通才"的看法提出质疑。与庞加莱一样,冯·诺依曼对应用和理论研究都很擅长,这样的数学家本来为数不多,而就对现代应用数学发展的影响而言,恐怕还没有人能与冯·诺依曼相提并论。

1954年,冯·诺依曼因出任美国原子能委员会委员而移居华盛顿。1955年他得了癌症,1957年不幸逝世,终年54岁。在生命的最后时刻,冯·诺依曼坐在轮椅上继续思考,参加会议并发表演说。他撰写的关于人的神经系统与计算机关系的讲稿未及完成,后以《计算机与人脑》(有中译本,商务印书馆,1965)的书名刊行于世,成为这位伟大的智者献给人类科学文化事业的绝唱。

作为兼纯粹与应用二任于一身并在两方面都卓有建树的现代数学家,冯·诺依曼对数学的本质、意义和价值有精辟的论述。与哈代不同,冯·诺依曼在"纯粹"与"应用"之间采取了平衡的态度。一方面,他相信"现代数学中一些最好的灵感,很明显地起源于自然科学",认为"数学来源于经验"是"比较接近真理"的看法。另一方面,他也赞同数学具有艺术的特征,认为"数学家无论是选择题材还是判断成功的标准主要都是美学的"。不过,他反复提醒人们警惕由于"越来越纯粹地为艺术而艺术"而可能导致数学学科"退化"的危险。冯·诺依曼在第二次世界大战中特殊的科学服务经历使他对数学的社会作用及科学的前景有着独到的见解。尽管形式化的思考会使他的某些看法出现偏颇,但总的来说,他关于科学与社会的论说同样闪耀着理性的光芒并具有启迪意义。这里特别要指出的是,冯·诺依曼反对科学研究的功利主义,认为:"在很大程度上,成功归于完全忘掉终极所求;拒不研究逐利之事,只依赖智能雅趣准则的指引;遵循此道,长远来看其实会遥遥领先,远胜于执守功利主义之所获。"并指出:"这对所有学科都是正确的!"(以上参阅本书选译的"数学家""物理科学中的方法""我们能在技术条件下劫后余生吗?""数学在科学和社会中的作用")

从冯·诺依曼浩瀚的论著中挑选出数十篇来展示这位纯粹与应用数学大师的数学思想,简直是一件不可能完成的任务,但我们仍然希望这本文选能成为一个适当的窗口,使人们得以一瞥这位大师思想宝库的风貌,并为那些希望深入的"探宝者"提供一定的线索。冯·诺依曼兴趣广泛,知识渊博。科学之外,他还研究历史等人文领域,造诣之深,往往令同事与朋友惊讶不已。冯·诺依曼具有很高的语言天赋,他的演讲素以文学上的修养著称。他的文章思想深邃,引人入胜,相信即使是非数学的读者,也可以从中感受这位体现了理论与应用的高度统一与完美结合的数学大师的创造性思维的脉搏。

目　录

集合论的一种公理化[①]

一、公理系统

§1 有关集合论公理化的基本原则

本项工作的目的是针对集合论给出一个逻辑上无可非议的公理化表述。我想先就促使我们建立这样一种集合论的那些困难说几句开场白。

众所周知,由康托尔(Cantor)最初给出的"朴素"集合论导致了矛盾。它们是这样一些著名的悖论:所有不包含自身的集合之集合(罗素),所有超限序数的集合(布拉里-福蒂)和所有有限可定义的实数之集合(里查德)。[②] 由于朴素集合论不可否认地导致这些矛盾,而另一方面,其命题的某些部分似乎是精确的和可靠的,并且由于准确而简洁地表述现代数学绝对需要一个集合论基础,所以一直以来不乏"修复"集合论的企图。

在讨论这些问题时,我们必须从根本上区分两种不同的

---

① 原题为 An Axiomatization of Set Theory,发表于 1925 年。本文译自:J. van Heijenoort (ed.), From Frege to Gödel. Harvard University Press,1967:393-413. 这里保留了原文脚注和英译注,但详细的参考文献则不再列出,有兴趣的读者可以查阅上述书后所附的参考文献。

② 例如,参见 Poincaré,1908。

倾向。一些作者由于集合论的悖论而提出对精密科学的整个逻辑基础进行批判。他们以把全部精密科学置于一个新的、完全显然的基础之上为己任，由此他们能够再次达到数学和集合论中的"正确性"，但需要通过寻求一种直接的直觉基础将自相矛盾的内容先验地排除在外。这里必须提到罗素(Russell)、寇尼希(König)、外尔(Weyl)和布劳威尔(Brouwer)。[1] 他们得出了完全不同的结果，但在我看来其活动的全部效应全然是毁灭性的。在罗素这方，全部数学和集合论似乎建立在有问题的"可化归公理"之上，而外尔和布劳威尔则系统地拒斥大部分的数学和集合论为完全无意义的。我们这里所做的绝不是修复集合论，而是对迄今为止在初等逻辑中所使用的推理模式，特别是"排中"原则以及支配"所有"和"存在"的原则做一次非常严格的批判。

另一群人，策墨罗、弗兰克尔和熊弗莱斯，则力图避免做如此激烈的修改。[2] 他们没有对逻辑方法进行任何批判，而是将其保留下来；他们所禁止的仅仅是集合的(毫无疑问是没用的)朴素概念。为了替代这个概念，他们使用了公理方法，即简洁地表述若干公设，当然，其中出现了"集合"这个词，但没有任何意义。在此，(按照公理法的精神)人们只是将"集合"理解为一个对象，就它而言，人们所知道的和想知

---

[1] Whitehead, Russell, 1910, 1912, 1913；König, 1914；Weyl, 1920；Brouwer, 1919b。
[2] Zermelo, 1908a；Fraenkel, 1922b, 1923, 1923a, 1925；Schoenflies, 1921, 1922。

道的不过是关于从公设推出了什么。公设则以这样的方式来表述，即所有想要的康托尔集合论的定理都能从它们推出来，但却推不出悖论。然而，在这些公理化中，我们从来不能完全肯定这后面一点。我们看到的仅仅是已知的导致悖论的推理模式行不通，但谁知道是否还有其他的呢？从这一点来看，一个标准的相容性证明显然是完全不可想象的。因为希尔伯特（Hilbert, 1899）用来证明各种几何学相容性的方法——归约为算术和分析的相容性——在此行不通。然而，一个（不改变该问题的）直接的相容性证明显然属于前面提到的第一群人的领域，因为就逻辑本身而言，仍留下许多问题需要得到澄清。希尔伯特在其预告的著作①中将这一证明当成了目标。

因此，第二群人煞费苦心地避开（康托尔的）朴素集合概念的同时，想要指定一个公理系统，由此推导出（不包含其悖论的）集合论。必须承认，他们的研究从来不能像第一群人所做的那样彻底地解决真正的问题，但是他们的目标更清晰，也更实际。当然，以这种方式绝不能证明悖论已被真正地消除了，而且，大量的随意性总是附着在公理上。② 但是，

---

① 1922, 1922a.［这些"预告"的著作是在本文的撰写与发表之间出版的。——英译注］

② 当然，他们审查朴素集合论的显然命题，考察"集合"这个词（它在公理化中没有意义）在其中是否是按康托尔的意义来理解的，这一事实为公理提供了某种合理性。但是从朴素集合论略去什么（为了避免悖论，某些省略是必不可少的）绝对是任意的。

在此肯定可以达至一点,即在以后我们谈论完整的"形式主义集合论"时,明确断定什么是集合论已修复的部分以及什么还处在争论之中。

本项工作体现了第二群人的精神。在下面我们将指定一个公设系统,由此以逻辑上无可非议的方式推出集合论中所有已知的东西。的确,"逻辑上无可非议的"必须按照迄今为止它在数学中所获得的意义来理解。我们并不试图按照布劳威尔和外尔的直觉主义的意义也使推导成为无可非议的。然而,我想说(通过少许小的修改)这一点也能非常容易地达到。但是,我把这当成一个原则性问题而不这么做,因为公理方法本身是与直觉主义的本质相矛盾的。(从直觉主义的观点看,只有当对一个公理系统的相容性证明被以一种直觉主义的正确方式做出后,该公理系统才具有某种意义。按布劳威尔的话来判断,甚至那样也不行。①)

对于一些涉及基本概念的根本问题,我们将从第Ⅱ部分开始讨论,因为它们要以公理系统的知识为先决条件。

§2 关于公理化的一般评论

我们的公理化的任务显然是借助于有限次纯粹形式的

---

① Brouwer,1919b。见 Fraenkel,1923b,p.98。

运算(公设明确地保证了这些运算能够被执行)来产生所有我们想要形成的集合。然而,我们必须避免通过汇集或分离元素等方式形成集合。同样,必须避开在策墨罗那里仍能找到的含混不清的"确定性"原则。

不过,我们宁愿对"函数"而不是"集合"进行公理化。前一概念当然包括后者。(更确切地说,这两个概念是完全等价的,因为一个函数可以看成是一个序偶集,而一个集合可以看成是一个取两个值的函数。)这种与通常作法相背离的原因,在于每一种集合论的公理化都使用函数概念(分离公理,替换公理),因此,将集合概念建立在函数概念基础上而不是相反,从形式上看更简单。该公理系统的直观图景如下。

我们考虑两个对象域:"自变量"域和"函数"域。(当然,要以一种纯粹形式的方式来理解这两个词,就好像它们没有任何意义一样。)这两个域并不统一,但它们有部分重叠。(存在着属于两个域的"变函数"。)

下面,在这些域中定义一个二元运算 $[x, y]$(读作"函数 x 关于自变量 y 的值"),其中第一个变量 x 必须总是一个"函数",而第二个变量 y 必须总是一个"自变量"。通过该定义,总是形成一个"自变量" $[x, y]$。

运算 $[x, y]$ 对应于某个过程,这个过程在数学中随处可见,即从一个函数 f[必须小心地将它与其值 $f(x)$ 相区别!]和一个自变量 x 出发,形成函数 f 关于自变量 x 的值 $f(x)$。我们记 $[f,x]$ 而不是 $f(x)$,以表示 f 正像 x 一样,在这一过程中被当成一个变量。通过使用 $[x,y]$,就好像我们将所有的一元函数用单独一个二元函数来替代。在这一模式中,"函数"域的元素与关于"自变量"定义的函数(被想象成朴素地)相一致,而其值是"自变量"。(稍后,这些"函数" x 中的某些将被辨认为"集合",对于它们,当 y 取遍所有的"自变量"时,$[x,y]$ 只能取两个给定的值;也见 §3 和 §4。)

而且,对于 $[x,y]$,"外延性公理"在下述意义上成立:

如果 a 和 b 是"函数",并且如果对任何自变量 x,我们有 $[a,x] = [b,x]$,则 $a = b$。(见公理 I.4。)

因此,一个"函数" a 毫无歧义地由其"值" $[a,x]$ 所确定,但是并没有理由假定这些"值"能被任意地指派给它。(因为那样的话我们终究会再次陷入朴素集合论。)更确切地说,出现了如下问题:什么运算可以用来产生函数?这将在第 II 组公理和第 III 组公理中做出回答。

但是还有一个问题会出现:什么"函数"同时也是"自变量"? 显然,最方便的回答将会是:全部。但是,在第 II 组公理和第 III 组公理中列出的产生"函数"的方式,会再次使我们陷入朴素集合论的悖论(首先是罗素悖论)之中。并且,由于我们需要所有这些产生函数的可能方式，我们必须放弃将某些函数当作自变量。

我们将朝着策墨罗指出的方向前进来实行这一不可避免的限制。

我们任意选取一个"自变量"A，而实际上声明一个函数a也是一个自变量，当且仅当它**不太经常**，即对于太多的自变量x，取不同于A的"值"$[a,x]$。（因为一个"集合"将被定义成只能取两个值的一个函数，这两个值中的一个是A，所以这是对策墨罗的观点的一种合理更改。）

接下来，我们要让"太经常"这个说法更加精确一些："函数"a不再成为一个"自变量"，当且仅当使得$[a,x] \neq A$的自变量x的全体能被映射到所有自变量的全体上。（但是，该映射必须由我们的"函数"之一来完成，即它必须具有形式$y = [b,x]$。它必须是单值的，但不必是一对一的。）（见公理Ⅳ.2。）

这个定义具有如下优点：它保证了我们能把$\neq A$的任何"函数"a比已经被确认为一个"自变量"的函数b较少经常地看成"自变量"。"较少经常"是指使得$[a,x] \neq A$的所有x的全体是使得$[b,x] \neq A$的所有x的全体的一个像（或它的一部分的像）。[①] 因此，该定义包含了所谓的分离公

---

① 因此"较少经常"应被理解成"不太经常"。——英译注

理(它属于策墨罗)和替换公理(它属于弗兰克尔)。[①] 但是它成就得更多:它还包含了良序定理,从而使得选择原理成为多余的。

良序定理出现在这一新背景下,是由于我们能构造一个无可非议的序数理论这一事实。"朴素地说",所有序数的全体导致了布拉里-福蒂悖论;在我们的系统中,这一点引出的结论就是一个对于所有序数具有 $\neq A$ 的值的函数不是自变量。于是,将所有序数的全体映射到所有"自变量"的全体上一定是可能的,而这自然得到了所有"自变量"全体的一个良序。(当然,这一推理必须而且能够严格地进行。)

我想再说一句,人们对于将"全体"和"函数"这样的概念朴素地用于集合论的公理化(这与在§1中所说的相反)也许会感到奇怪。但我们只是在这里,即在§2中这样做,为的是给该系统一个直观的图景;当然,在§3的精确表述中,这种事情将不会发生。

§3 公理及其意义

对于以上所说的内容,我们仍须做出下面的评论。

---

① "替换公理"可以表述如下:令 $\mathfrak{M}$ 是一个集合,$f(x)$ 是(定义在 $\mathfrak{M}$ 中的)一个函数,则对于 $\mathfrak{M}$ 中的每个元素 x,存在一个包含值 $f(x)$ 的集合 $\mathfrak{N}$ [并且除此之外,不包含其他任何东西——英译注]。这条公理属于弗兰克尔(1922a)。他第一个指出,如果没有这条公理,那么基数集 $\aleph_\omega$ 的存在性在策墨罗的公理系统中不可证。(然而,在其更近的工作中,他试图用一条较弱的公理来处理。)事实上,我相信没有这条公理,任何序数理论都是不可能的。

除了已经引入的通用二元运算 $[x,y]$ 外,我们必须引入另一个二元运算 (x,y)(读作"有序对 x,y"),其变元 x 和 y 必须都是"自变量",而其本身则产生一个"自变量"(x,y)。它最重要的性质是从 $(x_1,y_1)=(x_2,y_2)$ 推出 $x_1=x_2$ 和 $y_1=y_2$。(该性质并不在公理中明确地出现,因为它可以从公理 Ⅱ.3 和公理 Ⅱ.4 推出。)这个运算完全不具有 $[x,y]$ 的基本特征,之所以需要它只是因为我们必须要引入"对"的概念。

而且,除了已经提到的"自变量"A 外,我们将从一开始就引入另一个任意的"自变量"B。(A 和 B 将成为那些表示"集合"的函数的两个值。)

最后,我们将总是谈论"Ⅰ 类对象""Ⅱ 类对象"和"Ⅰ-Ⅱ 类对象",以分别代替"自变量""函数"和"变函数"。

该公理系统的表述如下:

我们考虑 Ⅰ 类对象,Ⅱ 类对象,两个不同的对象 A 和 B 以及两个运算 $[x,y]$ 和 (x,y)。下面的公理成立。

Ⅰ.导引公理

Ⅰ.1 A 和 B 是 Ⅰ 类对象。

Ⅰ.2 $[x,y]$ 有意义,当且仅当 x 是一个 Ⅱ 类对象,y 是一个 Ⅰ 类对象;它本身总是一个 Ⅰ 类对象。

Ⅰ.3　(x,y) 有意义,当且仅当 x 和 y 是 Ⅰ 类对象;它本身总是一个 Ⅰ 类对象。

Ⅰ.4　令 a 和 b 是 Ⅱ 类对象;如果对所有的 Ⅰ 类对象 x,有 $[a,x] = [b,x]$,则 $a = b$。

关于这些公理无须做出进一步的评论,所有这些都已在 §2 中讨论过了。

Ⅱ.算术构成公理

Ⅱ.1　存在一个 Ⅱ 类对象 a 使得总有 $[a,x] = x$。

Ⅱ.2　令 u 是一个 Ⅰ 类对象,则存在一个 Ⅱ 类对象 a 使得总有 $[a,x] = u$。

Ⅱ.3　存在一个 Ⅱ 类对象 a 使得总有 $[a,(x,y)] = x$。

Ⅱ.4　存在一个 Ⅱ 类对象 a 使得总有 $[a,(x,y)] = y$。

Ⅱ.5　存在一个 Ⅱ 类对象 a 使得总有(如果 x 是一个 Ⅰ-Ⅱ 类对象)$[a,(x,y)] = [x,y]$。

Ⅱ.6　令 a 和 b 是 Ⅱ 类对象,则存在一个 Ⅱ 类对象 c 使得总有 $[c,x] = ([a,x],[b,x])$。

Ⅱ.7　令 a 和 b 是 Ⅱ 类对象,则存在一个 Ⅱ 类对象 c 使得总有 $[c,x] = [a,[b,x]]$。

所有这些都是产生函数的方式。它们已经被以这样的方式放在一起,在某种意义上形成了一组函数。因为作为一个推论(我们不去讨论它的非常简单的证明),有如下的定理。

化归定理 令 $\mathfrak{A}(x_1,x_2,\cdots,x_n)$ 是由变量 $x_1,x_2,\cdots,x_n$ 和一些常量 $a_1,a_2,\cdots$(Ⅰ类或Ⅱ类对象)借助于运算 $[x,y]$ 和 (x,y) 构成的一个表达式。假如 $x_1,x_2,\cdots,x_n$ 是Ⅰ类对象,这样一个表达式不必总是有意义的(例如,$[x_1,x_2]$ 只有当 x_1 是一个Ⅰ-Ⅱ类对象时才有意义);但是让我们假定,无论它什么时候是有意义的,它都是一个Ⅰ类对象。这就排除了下面的情形,在其中 $\mathfrak{A}(x_1,x_2,\cdots,x_n)$ 仅仅是一个常数 a,它是一个Ⅱ类对象但不是Ⅰ类对象。于是存在一个Ⅱ类对象 a,对于所有使得 $\mathfrak{A}(x_1,x_2,\cdots,x_n)$ 有意义的Ⅰ类对象 $x_1,x_2,\cdots,x_n$,有 $\mathfrak{A}(x_1,x_2,\cdots,x_n) = [a,\,((\cdots((x_1,x_2),x_3),\cdots),x_n)]$。

因此,对于 n 元表达式,我们现在就有了一个标准形式 $[a,((\cdots((x_1,x_2),x_3),\cdots),x_n)]$;它是一般的 n 元函数,正如 $[a,x]$ 是一般的一元函数一样。

Ⅲ. 逻辑构成公理

Ⅲ.1 存在一个Ⅱ类对象 a 具有以下性质:$x = y$ 当且仅当 $[a,(x,y)] \neq A$。

Ⅲ.2　令 a 是一个Ⅱ类对象,则存在一个Ⅱ类对象 b 具有以下性质: $[b,x] \neq A$ 当且仅当对于所有的 y, $[a,(x,y)] = A$。

Ⅲ.3　令 a 是一个Ⅱ类对象,则存在一个Ⅱ类对象 b 使得对于唯一的 y,当 $[a,(x,y)] \neq A$ 时,有 $[b,x] = y$。

这些产生函数的方式是对第Ⅱ组公理的补充。它们使我们有可能将每一个关于Ⅰ类对象 $x_1,x_2,\cdots,x_n$ 的逻辑条件都带进标准形式 $[a,((\cdots((x_1,x_2),x_3),\cdots),x_n)] \neq A$,并且还将每一个逻辑地唯一确定的Ⅰ类对象 y 带进标准形式 $[a,((\cdots((x_1,x_2),x_3),\cdots),x_n)]$。因为对于恒等关系 $x = y$,公理Ⅲ.1 使得"化归到标准形式"是可能的;对于"所有"和"存在"概念,公理Ⅲ.2 使得这么做是可能的;最后,公理Ⅲ.3 允许由一个隐条件 $[a,(x,y)] \neq A$ 唯一确定的 y 显式地表示成 $y = [b,x]$。

顺便说一句,尽管第Ⅱ组公理是相互独立的,但是它们在加入第Ⅲ组公理后就不再如此了;因此,例如,公理Ⅱ.1 可以从公理Ⅲ.1 和公理Ⅲ.3 推导出来。

Ⅳ.Ⅰ-Ⅱ类对象

Ⅳ.1　存在一个Ⅱ类对象 a 具有以下性质:一个Ⅰ类对象 x 是一个Ⅰ-Ⅱ类对象当且仅当 $[a,x] \neq A$。

Ⅳ.2　一个Ⅱ类对象 a 不是一个Ⅰ-Ⅱ类对象,当且仅

当存在一个 Ⅱ 类对象 b 使得对于每个 Ⅰ 类对象 x 存在一个 y，$[a,y] \neq A$ 和 $[b,y] = x$ 都成立。

这里我们有两个形式上类似的公理。公理 Ⅳ.1 表述的是一个 Ⅰ 类对象何时成为一个 Ⅰ-Ⅱ 类对象，公理 Ⅳ.2 则对一个 Ⅱ 类对象表述了同样的事情。不过，就它们的内容来说，公理 Ⅳ.1 和公理 Ⅳ.2 是根本不同的。

在公理 Ⅳ.1 中，我们可以更简单地要求每个 Ⅰ 类对象是一个 Ⅰ-Ⅱ 类对象（所考虑的全部对象都是函数；策墨罗没有做出这样的约定，但弗兰克尔这么做了；在第二部分，我们将更多地谈到这一点）。但是目前我们暂时使公理尽可能地一般化。在第二部分，我们再采取这一限制和另外一些限制。不过，公理 Ⅳ.1 不需要任何值得称道的东西；它仅仅要求，对于一个 Ⅰ 类对象，性质"是一个 Ⅰ-Ⅱ 类对象"就如同其他性质一样能被带进标准形式。

另一方面，公理 Ⅳ.2 是一个非常基本的公理，具有许多推论。我们在 §2 中已经讨论过它；策墨罗的分离公理、弗兰克尔的替换公理以及良序定理都是由它推出的。策墨罗和弗兰克尔都没有使用这样的一般准则来确定什么时候一个集合是"太大"了。而且，撇开其过程不提，我们是从这个公理而不是从选择原理（策墨罗的乘法公理）得到良序定理的。

对于下一组公理，引入若干记号是方便实用的（但绝不是必需的）：

令 a 是一个 Ⅱ 类对象。对于 $[a, x] \neq A$，我们也记作 $x \in a$。令 a 和 b 是 Ⅱ 类对象。如果从 $x \in a$ 推出 $x \in b$，则记作 $a \lesssim b$。对于 $b \lesssim a$，我们也记作 $a \gtrsim b$。如果 $a \lesssim b$ 并且 $a \gtrsim b$，则我们记作 $a \sim b$。如果 $a \lesssim b$ 但非 $a \gtrsim b$，则我们记作 $a < b$；如果 $a \gtrsim b$ 但非 $a \lesssim b$，则我们记作 $a > b$。（也见 §4）

Ⅴ．无穷公理

Ⅴ．1 存在一个 Ⅰ-Ⅱ 类对象 a 具有如下性质：存在 Ⅰ-Ⅱ 类对象 x，对于它有 $x \in a$；如果对一个 Ⅰ-Ⅱ 类对象 x，有 $x \in a$，则存在 Ⅰ-Ⅱ 类对象 $y \in a$，对于它有 $x < y$。

Ⅴ．2 令 a 是一个 Ⅰ-Ⅱ 类对象，则存在一个 Ⅰ-Ⅱ 类对象 b，对于它，从 $x \in y$ 和 $y \in a$（y 因此是一个 Ⅰ-Ⅱ 类对象），可推出 $x \in b$。

Ⅴ．3 令 a 是一个 Ⅰ-Ⅱ 类对象。则存在一个 Ⅰ-Ⅱ 类对象 b 具有如下性质：如果对于一个 Ⅰ-Ⅱ 类对象 x，有 $x \lesssim a$，则存在一个 Ⅰ-Ⅱ 类对象 y，对于它既有 $x \sim y$，也有 $y \in b$。

这三个相对复杂的公理，在策墨罗和弗兰克尔的系统中也出现了，并被称作"无穷公理"（公理 Ⅴ．1）、"并公理"（公理 Ⅴ．2）和"幂集公理"（公理 Ⅴ．3）。但我们将其统称为无穷公理,因为它们仅仅对于特定的无穷基数理论才是必需的。没有它们,只是在第 Ⅰ～Ⅳ 组公理的基础上,不仅有限集合和有限序数(非负整数) 理论能建立起来,而且甚至部分的连续统理论也能建立起来。

无穷公理是产生 Ⅰ-Ⅱ 类对象的方式(类似于第 Ⅱ、Ⅲ 组公理,它们是产生 Ⅱ 类对象的方式)。它们的(朴素地表述的) 意义大致如下:

存在一个并不太大的无穷集合 a。

如果 a 是由本身不太大的集合组成的一个不太大的集合,则 a 的元素的元素之集 b 也不太大。

如果 a 是一个不太大的集合,则 a 的所有子集的集合 b 也不太大。

谈论函数而不是集合,在公理(尤其是公理 Ⅴ.3)的表述上的确有些复杂;然而(一旦"集合"概念被严格地定义成"函数"的一种特殊情形),借助于第 Ⅴ 组公理,我们立即可以推出无穷集合的存在性,以及并集合和幂集合的存在性。顺便说一下,公理 Ⅴ.1 不符合策墨罗(和弗兰克尔)版本的无穷公理;在公理 Ⅴ.1 中要求某些无穷集合的存在性,而不像在他们的版本中的情形那样,要求一个特定的无穷集合的存在性。然而,这一事实是无关紧要的。

第Ⅰ～Ⅴ组公理构成了我们的公理系统。从外表上看，这个公理系统的分组和表述都与策墨罗和弗兰克尔的公理系统有很大不同；不过，它们之间有许多相似之处。特别是如果我们将其与弗兰克尔的公理和定义相比较，就会看出我们的大多数公理在他那里都有类似物。然而，存在着一些十分本质的差别。我们谈论"函数"而不是"集合"无疑是一种表面的差别；不管怎样，重要的是目前的集合论甚至讨论"太大"的集合（或"函数"），即那些不是Ⅰ-Ⅱ类对象的Ⅱ类对象。它们并没有被完全禁止，而仅仅被宣布为不能是自变量（它们不是Ⅰ类对象！）。这足以避免悖论。同时，那些集合的存在性对于某些推理模式来说是必需的。最后，公理Ⅳ.2实质上完全不同于策墨罗和弗兰克尔的公理，并且它的确是我们的公理系统的独特之处。诚然，在某种意义上它与分离公理和替换公理有关，但它走得更远。一方面，它保证了子集和像集的存在性，而一般来说，它使得序数和阿列夫理论成为可能（这在一个缺少替换公理的公理系统中很难成功地发展起来）；而所有这一切实质上都能单独由替换公理取得。但除此之外，公理Ⅳ.2在该公理系统中占有一个完全中心的位置。在几种情形中，它使得我们能够证明一个集合是"不太大"的，并且最终由它得出了良序定理。

当然，对于"不太大"这一概念，公理Ⅳ.2所要求的并不止于直到目前被人们看成是明显的和合理的那些东西。人们可能会说这样做有些过分。但是，一方面考虑如日常使用的那样围绕着"不太大"这一概念的含混性，而另一方面考虑这一公理的异乎寻常的力量，我相信我在引入它时并不是很随意，特别是因为它扩展了而不是限制了集合论的范围，但却不大可能成为悖论的来源。（我们将在第二部分更详细地讨论这后一点。）

§4 关于集合论的推演

在§2和§3中，我们描述了集合论的一种公理化，重点在于支配其表述的那些基本观点。下面，我们将从这些公理出发来推演集合论。

这样推演出的集合论将做如下安排：

(1)一般集合论 在此我们必须注意那些一般的定理和定义，它们与其说产生自集合论本身，不如说产生自公理化的本质，并且在朴素集合论中它们是十分平凡的。它们是像集合的并和交的存在性、幂集的存在性等这样的定理。这里没有提到序和基数。

(2)序和良序 我们定义这些概念，以及进一步定义某些辅助概念，像相似性、段(初始段)等意味着什么。一些十分平凡的关于序和良序的定理由此得出。例如，如果两个有序集都与第三个有序集相似，则它们彼此相似；如果两个相似的有序集中的一个是良序的，则另一个也是良序的；等等。

(3)序数 在此该理论正式开始。先是给出序数的一个严格定义,接着详尽阐述这些序数的大部分重要性质,此外还有良序集的可比较性和超限归纳定义的容许性。①

(4)良序定理 利用序数和公理Ⅳ2(而不用选择原理)证明良序定理。

(5)基数 一旦有了序数理论和良序定理,阿列夫(基数或势)理论就能比较容易地发展起来。(这种安排,把基数性放在良序之后,不同于一般采纳的做法,但它能更快地导致目标的实现。)

(6)无穷 最后对于集合导出有限和无穷的定义。详尽阐述有限和无穷的最简单的性质,证明无穷集合的存在性。定义最小无穷序数 ω。

我们将不对这一推演做进一步的阐述(它已经以完成了的形式存在着)。如果给出所有的证明,那么它将占据大量的篇幅并且超出了本文的范围。我们将在另一篇论文中给出其细节[1928a——英译注]。

这里我们仅引入最重要的术语。

"集合"(作为"函数"的一种特殊情形)的精确定义如下:

---

① 见 J. von Neumann,1923[和 1928——英译注]。

一个 II 类对象 a 称为**类**,如果 $[a,x]$ 总是等于 A 或 B。

满足此条件的一个 I-II 类对象称为**集合**。

这就是说,"集合"(按照较早的术语)就是"不太大"的集合,"类"则是全部总体而无论其"规模"如何。一个类"能够成为一个自变量"(一个 I-II 类 对 象)当且仅当它是一个集合。

$x \in a$(x 属于 a,x 是 a 的一个元素,a 包含 x),$a \lesssim b$(a 是 b 的一部分),$a < b$(a 是 b 的一个真部分)和 $a \sim b$(a 和 b 具有相同的规模)已经在 §3 给出。(如果 a 和 b 是类,那么根据公理 I.4,从 $a \sim b$ 当然推出 $a = b$;另一方面,对于一般的 II 类对象,这并不是一个必然的推论。)

如果 a 和 b 是类,则 $a+b$,$a \cdot b$ 和 $a-b$ 分别是它们的并、交和差(这些具有与我们在朴素集合论中理解它们时一样的含义。当然对于所有这些类,必须首先做出存在性证明。这也适用于下面所讲的情形。)。如果 a 是一个类而它的元素是集合,则 $S(a)$ 和 $D(a)$ 分别是 a 的(元素的)并类和交类。如果 a 是一个类,c 是一个 II 类对象,则 $|[c,a]|$ 是由 c 中介的 a 的像。最后,如果 a 是一个类,则 $P(a)$ 是 a 的幂类(并且包含 a 的所有子集;毕竟,不是所有集合的类"不能成为自变量")。而且,如果 a 和 b 是集合,则 $a+b$ 也是一个集合;如果 a 或 b 是一个集合,则 $a \cdot b$ 也是一个集合;如果 a 是一个集合,则

$S(a)$, $D(a)$ 和 $P(a)$ 也是集合。

如果 a 是一个类,我们称具有下列性质的所有类 b 为 a 的序:

b 的每个元素 x 具有形式 $x = (u, v)$,其中 $u \in a, v \in a$,并且 $u \neq v$。如果 u 和 v 是 a 的两个不同的元素,则 (u,v) 或 (v,u) 属于 b。[①] 如果 (u,v) 和 (v,w) 属于 b,则 (u,w) 也属于 b。

如果 (u,v) 属于 b,我们也记 $u \overset{(b)}{<} v$ 或 $v \overset{(b)}{>} u$(u 以序 b 先于 v,v 以序 b 后于 u)。

而且,假如 a 是一个集合,那么它的所有序都是集合,并且它们也形成一个集合 $O(a)$。

对于剩下的定义(相似性、良序、序数、基数、等价性、有限和无穷的定义),我们在这里就不给出了。它们中的一些是明显的。在另一篇论文(1923)中,我已经阐述了适用于此的序数理论(诚然,我使用的是朴素集合论的语言,不过,将它翻译成目前的公理化语言并不会造成任何困难)。

二、对公理的研究

§1 问题的陈述。基本原则

从第一部分给出的公理出发,我们可以推出集合论所有

---

① 德文原文将 "b" 误作 "a"。——英译注

熟知的定理；另一方面，这些公理(就它们不是某种限定的而言)不过是朴素集合论的平凡事实。因此，在这种意义上，我们可以说我们的公理所要求的既不太多，也不太少。

然而，出于几种原因，这样一种评价是不全面的。首先，尽管我们的公理的确能够使我们从有限的和可数的集合出发，来构造大家熟悉的集合 $a+b, S(a), P(a)$ 和 $|[c,a]|$，也使用"分离"，但是它们并不保证除了这样得到的集合外，没有任何不能以这种方式得到的其他集合。从假设来看，也非常有可能存在着这种集合。例如，只有一个元素而且就是它本身的集合，$a = \{a\}$，或一个"下降的集合序列"，$a_1 = \{a_2\}$，$a_2 = \{a_3\}, \cdots(\{a\}$ 是指这样的集合，其唯一的元素是 $a)$。[①]现在消除所有这些多余的集合是合适的，而这一点确实没有通过直到目前为止我们所采纳的公理来实现。

为了弥补这一缺陷，弗兰克尔认为值得引入一个额外的公理(限制公理)，这个公理还没有得到精确的表述；在我们的公理中没有它的类似物，它的表述大致如下：

除了其存在性是由公理绝对要求的集合(或在我们的系统中，I 类对象和 II 类对象)外，再没有其他集合。

---

① Mirimanoff, 1917, p. 42。["(a)"已经变为"$\{a\}$"，后者是 J. von Neumann 在下面所使用的记号。——英译注]

我们希望用我们的形式系统以一种精确的方式来表达这个公理。为此,我们引入下面的定义:

令 Σ 是由 I 类对象和 II 类对象组成的系统。Σ' 是 Σ 的一个子系统。令 I$_{\Sigma'}$ 类对象和 II$_{\Sigma'}$ 类对象分别是 Σ' 中的 I 类对象和 II 类对象。设 $[x,y]_{\Sigma'}$(其中 x 是一个 II$_{\Sigma'}$ 类对象,y 是一个 I$_{\Sigma'}$ 类对象)意指 $[x,y]$;$(x,y)_{\Sigma'}$(其中 x 和 y 是 I$_{\Sigma'}$ 类对象)意指 (x,y);令 $A_{\Sigma'}$ 是 A,$B_{\Sigma'}$ 是 B。

如果这些 I$_{\Sigma'}$ 类对象和 II$_{\Sigma'}$ 类对象、运算 $[x,y]_{\Sigma'}$ 和 $(x,y)_{\Sigma'}$ 以及对象 $A_{\Sigma'}$ 和 $B_{\Sigma'}$ 也满足我们的公理,我们就简化地说成 Σ' 满足我们的公理。

因此刚才提到的限制公理只是要求除了 Σ 本身外,Σ 没有其他子系统满足第 I ~ V 组公理。

这一简洁的表述清楚地表明,对于这样一个公理可以立即提出两点需认真对待的反对意见(当然,这在弗兰克尔的系统中同样是正确的)。

首先,这个公理是非常不同于先前公理的一种类型,因为与我们迄今为止所遵循的原则相反,它并没有避免朴素集合论的概念。我们要把 Σ 的"子系统"理解为什么呢?当然不是先前公理意义上的集合或类,因为这些只能以 I 类对象作为元素,而 Σ' 和 Σ 包含 I 类对象和 II 类对象。但那样的话,还会有什么呢？因为毕竟朴素的集合概念是被严格禁止的。这个公理将使得整个公理化过程出现循环！

不过，如果我们假设，比如，已经给定了一个较大的系统 P，[它由 I_P 类对象和 II_P 类对象组成，具有运算 $[x,y]_P$ 和 $(x,y)_P$，以及两个对象 A_P 和 B_P，该系统还满足我们的第 $I \sim V$ 组公理。] 使得所有的 I 类对象和 II 类对象都是 I_P 类对象并且 $[x,y]$ 和 (x,y) 两者都能在 P 中被化成 P 的标准形式 $[a,(x,y)_P]_P$（其中 a 是一个 II_P 类对象），那么这一困难就能被消除。于是 Σ 是 P 中的一个类，而它的子系统 Σ' 只被当成它的（在 P 中的）子类。我们大概可以用一种"较高级的集合论"P 附在 Σ 上，其中即便不能成为 Σ 中自变量的对象也是自变量。这本身并不荒谬。如果我们使"太大的"和不能成为自变量的集合能够在一个新系统 P 中成为自变量，假如我们也承认由所有这一切形成的并且"仍较大"（在 P 中太大）的集合，但声明它们不能成为自变量，那么我们仍然能避免悖论。（这一思想部分地与罗素的"类型层次"所依据的思想相同。）

在这样一种"较高级的集合论"P 中，询问上面提到的限制性公理①（对于"较低级的集合论"Σ 来说）是否被满足便有了意义。当然，为了简单起见，在以下我们将使用朴素集合论

---

① 德文原文为"Bestimmtheitsaxiom"，但显然应该是"Beschränktheitsaxiom"。——英译注

的术语,但在这么做时,我们必须一直要牢记已经假定了一个"较高级"的系统 P 的存在性。如果没有这样一个假设(它在某种程度上比集合论的相容性假设更成问题),人们就不能对满足这些公理的系统 Σ' 进行研究,除非人们希望发现自己不加批判地使用了(不相容的)朴素集合论的术语。

于是,出现了第二个困难。容易证明,满足第 I ~ V 组公理的一个系统不必满足限制性公理(见上)。因此,我们必须要知道像这样的一些事情:如果系统 Σ 满足第 I ~ V 组公理,则在该系统(也满足它们的子系统)中至少存在一个最小的 Σ',即具有性质:除了 Σ' 本身外,没有任何 Σ' 的子系统满足第 I ~ V 组公理。

因此,这个子系统就满足限制性公理。例如,满足第 I ~ V 组公理的所有子系统 Σ' 的公共部分(交)有可能是这样一个最小的系统(并且如果它也满足第 I ~ V 组公理,那它就是)。然而,情况并不必然如此。目前较为细致的检查表明,唯一已知的可能产生这个子系统的方式是行不通的。稍后,我们将认定造成这一结果的事实情况。由于这些原因,我们认为,我们必须做出结论:首先,必须完全抛弃限制性公理;其次,人们不可能成功地表述具有同样意义的公理。顺便提出,这也与第 I ~ V 组公理缺少"范畴性"这一事实有关。关于这一点,我们将在 §5 做更多的说明。

但是,即便不可能找到一个满足第I～V组公理的最小子系统,我们仍希望探讨满足第I～V组公理的 Σ 的什么样的子系统能够存在。在这样做时,我们遇到了一个最奇特的现象,它最先被勒文海姆(Löwenheim)和斯科仑(Skolem)注意到。[①]

§2 关于子系统

设已给子系统 Σ'。我们希望就 Σ' 满足公理的条件给出一个精确的表述。

对于公理 I.1～I.3 做到这一点非常容易。它们可以简单地表述如下:

(1) A 和 B 属于 Σ'。

(2)如果 x 和 y 属于 Σ',则 $[x,y]$ 和 (x,y) 也属于 Σ'。

关于公理 II.1～II.7、公理 III.1 和公理 IV1,存在着一些困难。例如,公理 II.1 要求有一个 II 类对象 a 属于 Σ',使得对 Σ' 的所有 II 类对象 x,有 $[a,x]=x$。类似地,对于[刚刚列出的,即不包括公理 III.2 和公理 III.3——英译注]公

---

① Löwenheim,1915;Skolem,1920,1922;关于这一点,见 Fraenkel,1923b。

这些论文中的前两篇给出了该定理的一个一般证明,它对于集合论的特殊情形是§2的主题;每个可满足的公理系统已经被可数个系统所满足。在第3篇论文中,斯科仑由此得出了有关集合论的(不令人愉快的)结论。

因此,尽管§2和§3的内容不是新的,但是我们相信对于这一有趣的事实,在某些细节上再行关注并非徒劳无益。

理 II.2～公理 IV.1 也是如此。

然而,为了避开这个困难,我们只是就每个情形要求更多一些东西,即:

(3)存在属于 Σ' 的一个 II 类对象 a 使得总有(对 Σ 中的所有 I 类对象;下同)$[a,x] = x$。

(4)假设 I 类对象 u 属于 Σ',则存在属于 Σ' 的一个 II 类对象 a 使得总有 $[a,x] = u$。

(5)存在属于 Σ' 的一个 II 类对象 a 使得总有 $[a,(x,y)] = x$。

(6)存在属于 Σ' 的一个 II 类对象 a 使得总有 $[a,(x,y)] = y$。

(7)存在属于 Σ' 的一个 II 类对象 a 使得总有 $[a,(x,y)] = [x,y]$。

(8)如果 II 类对象 a 和 b 属于 Σ',则存在属于 Σ' 的一个 II 类对象 c 使得总有 $[c,x] = ([a,x],[b,x])$。

(9)如果 II 类对象 a 和 b 属于 Σ',则存在属于 Σ' 的一个 II 类对象 c,使得总有 $[c,x] = [a,[b,x]]$。

(10)存在属于 Σ' 的一个 II 类对象 a 具有如下性质: $[a,(x,y)] \neq A$ 当且仅当 $x = y$。

（11）存在属于 Σ' 的一个 Ⅱ 类对象 a 具有如下性质：$[a,x] \neq A$ 当且仅当 x 是一个 Ⅰ-Ⅱ 类对象。

（存在这种Ⅱ类对象是由相应的公理Ⅱ.1～Ⅳ.1保证的。）因此，从这里起，我们有充分条件而不再有必要条件。于是，寻找满足公理的一个最小的子系统的可能性随即消失，因为要表述的条件都太过分了。

关于公理Ⅲ.2和公理Ⅲ.3，产生了进一步的困难。例如，我们考虑公理Ⅲ.2，它可以表述如下：

假设Ⅱ类对象 a 属于 Σ'。则存在 Σ' 中的一个 Ⅱ 类对象 b 具有如下性质：对于 Σ' 中所有的 Ⅰ 类对象 x，$[b,x]\neq A$ 当且仅当对于 Σ' 中所有的 Ⅰ 类对象 y，$[a,(x,y)]=A$。

而且，Σ' 成了 b 的定义的组成部分，而 b 又属于 Σ'。因为要想知道某个东西是否对于"Σ' 中所有的 Ⅰ 类对象 y"成立，我们就必须知道所有的 Σ'。不过，在所考虑的情形中，通过迫使"对于 Σ' 中所有的 Ⅰ 类对象 y"具有和"对于所有的 Ⅰ 类对象 y"相同的含义，我们就能克服这一困难。而像下面这样，我们可以简单地做到这一点：

（12）（预备条件）假定Ⅱ类对象 a 和 Ⅰ 类对象 x 都属于 Σ'；如果存在任何 Ⅰ 类对象 y 使得 $[a,(x,y)]\neq A$，则至少也存在一个这样的 y 属于 Σ'。

于是,对于公理Ⅲ.2,我们可以要求下面的条件(就像对于公理Ⅱ.1~Ⅳ.1一样,它也有点儿过分)。

(13)(主要条件) 假定Ⅱ类对象 a 属于 Σ',则存在属于 Σ' 的一个 Ⅱ 类对象 b 具有如下性质:$[b,x] \neq A$ 当且仅当总有 $[a,(x,y)] = A$。

在公理Ⅲ.3的情形中,情况是相同的。为了表达这里的 y 的唯一性,我们必须把下面的条件加到"预备条件"(12)中:

(14)假定Ⅱ类对象 a 以及Ⅰ类对象 x 和 y 属于 Σ'。如果 $[a,(x,y)] \neq A$ 并且如果存在一个 y' 使得 $[a,(x,y')] \neq A^{①}$,而 $y' \neq y$,则这样一个 y' 也属于 Σ'。

于是,主要条件就成为:

(15)假定Ⅱ类对象 a 属于 Σ',则存在属于 Σ' 的一个Ⅱ类对象 b 使得 $[a,(x,y)] \neq A$ 对于唯一的 y 成立时,有 $[b,x] = y$。

对于公理Ⅰ.4的情形,我们再度要求一个"预备条件":

(16)假定Ⅱ类对象 a 和 b 属于 Σ'。如果存在一个 x 使得 $[a,x] \neq [b,x]$,则这样一个 x 也属于 Σ'。

主要条件在这里是不必要的,因为我们并没有规定任何

---

① 英译文误作"$[a,(x,y)] \neq A$"。——译者注

东西的存在。(所有这些条件都是充分的而不是必要的。)

最终还剩下公理Ⅳ.2和公理Ⅴ.1～Ⅴ.3。在此,我们也必须要表述相应的预备条件[对于公理Ⅳ.2,预备条件是(17)～(19),因为"所有"和"存在"被重叠使用了三次;对于公理Ⅴ.1,预备条件是(20)和(21);对于公理Ⅴ.2,预备条件是(22);对于公理Ⅴ.3,预备条件是(23)],但是我们将不把它们逐条地实际写出来。

至于主要条件,对于公理Ⅳ.2的一半("如果 a 不是一个Ⅰ-Ⅱ类对象,则存在一个 b ,使得…")来说是必要的。它的表述如下:

(24)令 a 是一个Ⅱ类对象但不是一个Ⅰ-Ⅱ类对象并且假定它属于 Σ' ,则存在属于 Σ' 的一个Ⅱ类对象 b ,使得对于任何 x ,存在一个 y ,使得既有 $[a,y]\neq A$,又有 $[b,y]=x$ 。

但是对于公理Ⅳ.2的另一半("如果存在一个 b 对于它……,则 a 不是一个Ⅰ-Ⅱ类对象")来说,没有任何主要条件是完全必要的。其中的原因和公理Ⅰ.4的情形相同。毕竟,我们没有要求任何东西的存在。

最后,在公理Ⅴ.1～Ⅴ.3的情形中,我们也不需要任何主要条件。因为尽管我们确实要求一些对象的存在性,但这些是Ⅰ-Ⅱ类对象。于是,具有所要求性质的 Ⅱ$_{\Sigma'}$ 类对象的存

在性已经由第 Ⅰ ～ Ⅳ 组公理得出,即对于 Σ' 来说,由条件 (1) ～ (19) 和(24) 得出。但是,因为这些 $\mathrm{Ⅱ}_{\Sigma'}$ 类对象的确是 Σ 中的 Ⅰ-Ⅱ 类对象(毕竟,Σ 满足第 Ⅴ 组公理),它们一定也是($\mathrm{Ⅰ\text{-}Ⅱ})_{\Sigma'}$ 类对象。[因为($\mathrm{Ⅰ\text{-}Ⅱ})_{\Sigma'}$ 类对象的定义就是属于 Σ' 的Ⅰ-Ⅱ类对象]

现在我们能够进行总结了。

为使 Σ' 满足公理,条件(1)～(24)得到满足肯定是足够了。这些条件中的每一个都具有如下形式:

假定Ⅰ类对象或Ⅱ类对象 $u_1,u_2,\cdots,u_n$ 属于 Σ'。如果它们满足条件 $A(u_1,u_2,\cdots,u_n)$,则任何满足条件 $B(u_1,u_2,\cdots,u_n,v)$ 的 Ⅰ 类对象或 Ⅱ 类对象 v 也属于 Σ'。

这里(除 $u_1,u_2,\cdots,u_n$ 和 $u_1,u_2,\cdots,u_n,v$ 外) 只有 Σ 的性质出现在条件 A 和 B 中,Σ' 则不出现在其中。对于这些条件中的某一些条件[(1),(3),(5)～(7),(10) 和(11)],我们须设 $n=0$。即要求任何具有性质 $B(v)$ 的 v 属于 Σ'。

但是我们可以很容易地满足这样的条件。显然存在一个最小的 Σ' 满足这些条件(然而,这比原来要求 Σ' 满足公理则进了一步)。我们只需应用下列步骤:

取所有的条件(1)～(24),其中 $n=0$(见上),构造由它们假定的Ⅰ类对象和Ⅱ类对象 $v_1,v_2,\cdots,v_\mu$。接下来,取所有的条件

$(1) \sim (24)$,其中 $n \geqslant 1$(实际上包含一些变元 $u_1, u_2, \cdots, u_n$)。替换这些条件中 $v_1, v_2, \cdots, v_\mu$ 的所有可能的组合,构造接下来假定的 I 类对象和 II 类对象 $v'_1, v'_2, \cdots, v'_{\mu'}$。然后,替换这些条件中 $v_1, v_2, \cdots, v_\mu, v'_1, v'_2, \cdots, v'_{\mu'}$ 的所有可能的组合,构造接下来假定的 I 类对象和 II 类对象 $v''_1, v''_2, \cdots, v''_{\mu'}$,等等。

如果我们现在选择 Σ' 作为对象 $v_1, v_2, \cdots, v_\mu, v'_1, v'_2, \cdots, v'_{\mu'}, v''_1, v''_2, \cdots, v''_{\mu'}$ 的系统,我们就有了一个满足我们的公理的系统。

§3 可数性

我们在 §2 中得到的 Σ' 具有一个非常令人吃惊的性质:它显然是可数的。但是这里必须注意"可数的"这个词的含义。Σ' 在以下意义上是不可数的:它作为系统 Σ(或 Σ')中的一个类具有基数 $\aleph_0$,即通过 Σ 中的一个 II 类对象它能够被一对一地映射到第一个无穷序数 ω [①] 上。那当然是不可能的,因为 Σ' 根本不是一个类,它也包含 II 类对象(见 §1)。而且,它的部分(Σ' 的所有不可数子类)就"不可数"这个概念在系统 Σ' 中所具有的意义而言是"不可数的"。但是,如果我们把它(以及上面提到的所有子类一起)看成是"更高的"系统 P 中的一个类,或用朴素集合论的话来说,如果它的元素能被

[①] 这实际上等价于"可数的",因为根据我们关于序数的定义(见 J. von Neumann,1923),ω 是一个可数集合。

写成一个序列,那么它是"可数的"。

在此,重要的是要避免任何误解。系统 Σ' 中包含若干集合和映射。它们满足集合论的形式要求。对于任何一个可能的基数来说,都存在着那个基数的集合。但是所有这些基数都是似是而非的,它们仅仅对于属于该系统的映射组来说是基数。因为系统 Σ'(尽管它在形式上是完备的)绝不包含全部可以想象的映射。任何"更高的"系统 P 必定已经包含新的映射。例如,将 Σ' 中的全部(无穷)集合彼此映射到对方上的映射。由于作为 Σ'(它在 P 中是可数的)的部分,所有这些集合自然是可数的,因此(在 P 中)具有相同的基数。人们也许会以为这与公理 Ⅳ.2 相矛盾。Ⅱ 类对象 ω(或任何无穷的 Ⅰ-Ⅱ 类对象)能被映射到所有 Ⅰ 类对象的类上,而它们是一个 Ⅰ-Ⅱ 类对象!但显然答案必须是:该映射属于 P(它是一个 $Ⅱ_P$ 类对象)而不属于 Σ'。当然,公理 Ⅳ.2 所指的仅仅是 Σ' 中的 Ⅱ 类对象。

基数的这一相对性是一个非常显著的证据,它表明抽象的形式集合论距离所有直观的东西有多么远。人们的确能够构造如同 Σ' 的系统,那就是通过满足某些形式公理,忠实而详尽地表述集合论,从而事实上本身就是形式集合论。在这些系统中,所有已知的基数是以其无穷的多样性出现的,它们比任何基数都大。但是一旦人们使用更精致的研究工具("更高的"系统 P),所有这一切就会化为乌有。全部基数当中，只有有限基数和可数基数留存下来。只有这些具有真实的意义，其他一切都是形式主义的虚构。

顺便提一下，这种状况绝不是我们的公理化的一个特点。假如我们的公理被任何其他的逻辑条件所取代，我们则能够以几乎完全一样的形式（见勒文海姆和斯科仑的论文）采取§2中用过的步骤。刚刚进行的构造为每一个公理化集合论打下了不真实（或使用一个经常用到的词："非直谓性"）的标记。

§4 集合论的模型

我们现在知道，如果真有可能找到一个满足这些公理的系统 Σ，我们也可能找到某个这样的系统，在其中只有可数多的 I 类对象和可数多的 II 类对象。但是这倾向于暗示我们能够借助纯粹的算术手段找到一个集合论的模型。或许，我们可以按照下面的路线进行尝试。

令 I 类对象是整数 $1, 2, \cdots$

令 II 类对象全体是函数集 Φ 中的函数 f（当然，Φ 同样是可数的），其定义域和值域是整数。

令 (x, y) 是一个给定的函数 $p(x, y)$，它对于 $x, y = 1, 2, \cdots$ 有定义。

如果 x 是 Φ 中的函数 f，而 $y = 1, 2, \cdots$，则令 $[x, y]$ 是

$f(y)$。

令 A 是 1，B 是 2。

不过，关于 I - II 类对象我们仍需做以修正。因为，正如这些规定在此处所具有的意义那样，I 类对象全体不同于 II 类对象。然而这一点能够很容易地得到弥补。我们假定全体 I 类对象也都是 I - II 类对象。对于公理 IV 1 的这一推广是非本质的。我们能够证明，如果公理是相容的，那么它们在推广后仍然如此。于是，我们只需表明，对于每个 I 类对象，也就是对于每个数 1，2，…，它等同于哪个 II 类对象，也就是 Φ 中的哪个函数。为此目的，我们还需要一个二元函数 $\varphi(x,y)$；接下来，我们将对每个数 x 指派函数 $\varphi(x,y)$，它被看成 y 的一个函数（因此该函数一定属于 Φ）。概括起来有：

令函数 $\varphi(x,y)$ 对于 $x,y = 1,2,\cdots$ 有定义。对于一个固定的 $x,\varphi(x,y)$ 是 y 的一个函数。因此对于任何 x，它属于 Φ。

下面的问题依然存在：对于所满足的公理，两个函数 p 和 φ 以及函数集 Φ（在我们的规定中，只有这些仍然是任意的）必须满足什么条件？

首先我们能够证明，对于 $p(x,y)$［即 $=(x,y)$］我们可以选择，比如说 $2^{x-1}(2y-1)$［从 $p(x_1,y_1) = p(x_2,y_2)$，得到 $x_1 = x_2$ 和 $y_1 = y_2$］，因为这个函数并不起特别强的作用。而

重要的是我们为 $\varphi(x, y)$ 和 Φ 选择什么。

现在我们可以来表述这两个对象的条件。在此,我们将不做详细的论述,而仅仅是表明其形式的某些方面。

目前,该系统不再是满足这些公理的一个较大系统的部分(正如 Σ' 曾是 Σ 的一个部分)这一事实,使得这些条件(相比于 §3 中的那些条件)实质上更加严格和复杂。因此,这些条件不再具有容易被满足的特征。尤其是公理 $\mathrm{IV}.2$ 产生了问题。因为它要求任何将一个集合 $\varphi(x, y) \neq 1$(x 固定,y 是元素)映射到所有数的集合上的函数都不能属于 Φ。这样一来,尽管大多数条件为 Φ 规定了一个下界(要求某些函数必须属于 Φ),但这个公理却为它规定了一个上界。开始时,我们并没有保证这两个界不相抵触。如果是这样,就会存在新的悖论。然而,反对选择公理 $\mathrm{IV}.2$ 并不像人们起初认为的那样严重。因为作为公理 $\mathrm{IV}.2$ 的替代,人们在任何情况下都必须至少采取策墨罗的分离公理(并且即使这样,对于许多目的来说也是不够的)的如下形式:

公理 $\mathrm{IV}.2$ 如果 b 是一个 I-II 类对象,a 是一个 II 类对象,而 $a \lesssim b$,则 a 也是一个 I-II 类对象。

这个公理对应于分离公理。因为 a 是一个 II 类对象,恰好就是策墨罗所说的 a 是"由一个确定的性质决定的"。由此出发,再加上 $a > b$,其中 b 是一个 I-II 类对象,就一定可以

推出 a 的容许性(a 是一个 Ⅰ-Ⅱ 类对象)。

并且,我们容易相信,这一(绝对不可避免的)公理将会产生同[原来的——英译注]公理Ⅳ.2完全一样的困难。公理Ⅳ.2的位置必须由某个特别的"非直谓的"公理来占据。而这样的一个公理在构建模型时必然会产生困难。

以这种方式获得的条件很难加以考察,并且非常复杂,以至于我们无法指定任何模型。的确,我们甚至不能确定它们是否是相容的,如果集合论能以任何方式建立在一个非直觉主义的基础上,这种构建一定是可行的。

我想最后说一点。如果我们略去第Ⅴ组(无穷)公理,那么剩下的公理则为有限数理论提供了一个适当的基础。的确,甚至实数理论在有限的程度上仍是有可能的:它们是无穷的类,因此不是集合(Ⅰ-Ⅱ类对象)。我们得到一种数学,其中可以有一种建立在基本序列基础上的实数理论,关于序列和级数收敛性的定理都成立,连续函数的理论、代数、分析和黎曼积分也都行得通。但是,因为Ⅱ类对象的集合是不可能的,所以魏尔斯特拉斯(Weierstrass)关于(数集而不是序列)上界的定理就变成无意义的,一般的函数概念、连续统的良序性和勒贝格积分也是无意义的。

因为目前考虑的公理仅仅涉及有限集合(所有的Ⅰ-Ⅱ类对象终究是有限的),所以我们可以为它们指定一个模型。

我们必须这样来选择 $\Phi(x,y)$，使得我们能够表示所有仅对于有限多的数不等于 1 的函数。

例如，假定素数已经按量的增加次序被排成一列：p_0，p_1，p_2，$\cdots$。如果

$$x = \prod_{n=0}^{\infty} p_n^{a_n}$$

(所有的 $a_n \geqslant 0$，其中仅有有限多个 $a_n > 0$)，则

$$f(x,y) = a_y + 1。$$

于是容易选择 Φ，正像我们非常容易看出的那样(因为在此情形中，公理 IV.2 被自行满足。上面提到的关于 Φ 的两个界的抵触则不会发生)，我们仅有建设性的条件。

因此，作为§3中我们关于可数性所说的话的进一步证据，我们得到了一个在许多本质方面与"实"数学一致的伪数学的可数模型。当然，"大"集合论的模型是未知的。但是，假如可能有一种形式主义集合论的话，它也一定存在。

§5　范畴性

我们还需研究我们的公理系统是否具有范畴性，即它是否唯一决定了它所刻画的系统的逻辑性质。[1]　我们现在就来更详细地解释这个概念。

---

[1]　"范畴性"这一概念属于维布仑(1904，p.346)。

众所周知,从去掉第五公设的欧几里得公理出发推不出有关这一第五公设的任何东西。也就是说,可以存在两个系统——两个都满足这些公理——其中第一个满足该公设而第二个则不满足。然而,一旦几何学被适当地公理化,这样一种情形绝不能蔓延。一个几何命题在满足这些几何公理的一个系统中是真的,那么它在任何其他这样的系统中也是真的。[我们暂时将不理会(由于"连续性")几何公理在最终的分析中依赖于集合论的公理这一事实。]之所以如此是由于下面的定理。

同构定理　令 A_1 和 A_2 是满足几何公理的两个系统。则存在一个从 A_1 到 A_2 上的映射,在此映射下,潜存于公理中的关系得以保持。也就是说,在此映射下,关联的点和线、等长的线段、全等三角形等变为其同类(这就是"同构"的含义)。

这个定理很容易证明,由此出发显然可以推出,如果用这些基本关系表述的一个命题在 A_1 中被满足,那么它在 A_2 中也被满足。

因此,这后一种类的公理系统(对它来说,与刚刚陈述的定理类似的同构定理成立)唯一决定了它所刻画的系统的逻辑性质,该公理系统具有**范畴性**。那么,我们的公理系统是这样的吗?

这一点最为重要。因为我们仅仅知道已经确定下来的

集合论命题是从它导出的。但是那些还未被确定的命题,例
如,连续统问题(假如缺少范畴性的话)有可能在满足公理的
一个系统中是真的,而在另一个系统中是假的。即我们根本
无法保证这些公理足以成立,比如说,连续统问题。

显然,这些公理就其目前的形式而言太过宽泛,以致不
具有范畴性。毕竟我们不知道,例如,是否存在不是 I - II 类
对象的 I 类对象, A 和 B 是否是集合,$(A,B) = A$ 还是
$(A,B) \neq A$,等等。然而,这一点可以很容易地得到补救。
我们需要以下公理。(可以证明如果先前的公理是相容的,
那么这些公理不会产生任何矛盾[1]。)

第 VI 组公理

VI.1 所有的 I 类对象都是 I - II 类对象。(这使得公理
IV.1 成为多余的。)

VI.2 $A = O$ 而 $B = \{O\}$。(O 是没有元素的集合,$\{O\}$ 只
包含 O。)

VI.3 $(u,v) = \{\{u,v\},\{u\}\}$。($\{\alpha,\beta\}$ 是具有元素 α 和 β
的集合。我们容易证明,从 $\{\{u_1,v_1\},\{u_1\}\} = \{\{u_2,v_2\},\{u_2\}\}$
可以推出 $u_1 = u_2$ 和 $v_1 = v_2$。)

---

[1] 关于这个问题,J. von Neumann(1929)做了探讨。——英译注。

我们还能除去另一个障碍,对此我们在§1中已经间接指出了,即存在"不可达"集合的可能性,比如"递降的集合序列"(见§1)。在§1中,我们给出了为什么不可能直接通过"限制公理"做到这一点的理由。但是,形式上,还是足以去除"递降的集合序列"(在此我们不打算讨论这个证明)。于是,有:

Ⅵ.4 不存在Ⅱ类对象 α 使得对任何有限序数(整数)n,$[\alpha, n+1] \in [\alpha, n]$。

(在此,也能证明公理Ⅵ.4不可能产生任何新的矛盾。严格地讲,非范畴性的另一个来源即可能存在所谓的带极限指标的正则始数①仍须加以排除。然而,在此进行讨论将会导致我们太过深入专门的集合论领域。而且,这一困难也可以被消除。)

但是即使现在添上第Ⅵ组公理,我们的公理系统实际上很可能仍然不具有范畴性。尽管我们做了全部的努力,但却无法成功地构造所需的满足这些公理的两个系统 Σ_1 和 Σ_2 到对方上的同构映射。归根结底,这是由于公理 Ⅵ.4 所排除的并不是所有"递降的集合序列",而只是系统 Σ_1(或 Σ_2)中那些具有规范形式的序列,即 $[a,1], [a,2], [a,3], \cdots$ [其中 a 是

---

① 这种可能性最先由 Hausdorff 讨论(1908,p. 443-444 和 1914,p. 131)。——英译注

Σ_1(或 Σ_2)中的 II 类对象]。不过,有一些"在系统的外边"当然总是可能的。为了同构映射,我们也须对此加以禁止;也就是说,我们将不得不再次寻求一个比系统 Σ_1 和 Σ_2 都"更加高级的"系统 P。而如果有公理 VI.4,这将是不可能的,因为它单独地与 Σ_1(或 Σ_2)有关。

所有这一切的结果就是:似乎根本就不存在集合论的范畴性公理化。这可能是因为任何公理化都无法避免与限制公理和"更高级的"系统有关的困难。由于对数学、几何等而言,所有的公理系统都以集合论为前提条件,所以可能根本就不会有范畴性公理化的无穷系统。这种情况在我看来是赞成直觉主义的论据。

有关范畴性的问题,我们还要提到以下内容。假设给定两个系统 Σ_1 和 Σ_2,令 a_1 和 a_2 是其中的集合,并令 Σ_1 中 a_1 的元素与 Σ_2 中 a_2 的元素刚好相同。于是我们知道,很可能会出现 a_1 在 Σ_1 中是不可数的,而 a_2 在 Σ_2 中却并非如此的情况(假如 Σ_2 比 Σ_1 "更高级"的话)。然而,这种情况甚至对于有限性也是一样的。因为"所有"和"存在"概念是关于整个系统(Σ_1 或 Σ_2)才有的,所以有限性的定义无论如何是这样一种情况,对此我们不能说出任何确定的东西。①对于良序性而言,情况

---

① 例如,有限性可以被定义如下:称一个类 a 是有限的,如果不存在具有下列性质的类 b:b 有 $\leqslant a$ 的元素;如果 x 是 b 的一个元素,并且 $\leqslant a$,则 b 也有 $\leqslant a$ 的元素而且同时 $< x$。

相同。因此我们必须不仅要向上(从可数的方面,见§3),而且要向下(在有限之中)考虑基数的相对性。无论如何,有限性和良序性这样的基本概念依赖于所选择的系统(Σ_1 或 Σ_2)。这种依赖性是一种本质特征,因而是无法排除的。一个集合 a 在系统 Σ_1 中表现为良序的(或是有限的),而在"较精致"(finer)的系统 Σ_2 中表现为非良序的(或是无穷的),仅仅是因为 a 的某个部分,即没有第一元素的 b 不是系统 Σ_1 中的集合,因而在那里不被注意到,尽管它在系统 Σ_2 中是一个集合(对于有限性来说是类似的)。

的确,在以上分析中可以**想象每一个系统 Σ_1 都可用这样的方法进一步"精致化"**,使得有限(或良序)集合成为无穷的(或非良序的)。(就"不可数的"而言,情况确实如此。)同样,对于有限性概念来说,除了其形式特征的外壳,到那时没有任何东西会留存下来(正如对于不可数的情况一样)。就有限性而论,很难说这将会对直觉主义所拥护的它的直观特征,抑或对集合论所给出的它的形式化产生更强烈的负面影响。

它实际上反对的是两者。毕竟,这里出现了一个新的困难,它与罗素和布劳威尔所指出的那些困难有着本质的不同。可数无穷本身是毋庸置疑的。的确,它不过是正整数的一般概念,在其上数学得以建立,甚至克罗内克和布劳威尔也承认它是"由上帝创造的"。但是它的边界似乎相当模糊,缺乏直观的、真实的含义。向上看,在"不可数的情形"中,根据勒文海姆和斯科仑的研究,这是十分肯定的。往下看,在"有限的情形"中,由于缺少范畴性,这至少是非常合乎情理的,能够使我们确定"有限性"定义的任何立足点也都如此。而且,**即便是希尔伯特的方法在此也无能为力**,因为这种反对意见所关心的并不是集合论的相容性,而是它的单义性(范畴性)。

目前,我们所能做的只是表明,在此我们有不止一种理由对集合论持保留的观点,而且暂时还不知道任何修复这一理论的方法。

（程钊译）

形式主义的数学基础[①]

一

在过去的几十年,对于数学基础的批判性研究,尤其是布劳威尔的"直觉主义系统",重新考虑了普遍认为的古典数学之绝对有效性的根源问题。值得注意的是,就其本身的性质而言,这个问题是属于哲学—认识论的,但它正在变成一个逻辑—数学问题。由于数理逻辑领域的三个重要进展[即布劳威尔关于古典数学缺陷的苛刻的表述,罗素对于古典数学方法的详尽而精确的描述(既有好的一面,也有坏的一面),还有希尔伯特在这些方法及其关系的数学—组合学研究方面所做的贡献],越来越多的真正明确的数学问题而非趣味问题正在数学基础上得到研究。鉴于其他文章已经对绝对有效的(无须辩护的)"直觉主义"或"有限主义"的定义和证明方法的范围(由布劳威尔所限定),以及罗素关于古典数学本质所做的形式刻画(这已被他的学派进一步发

---

① 原题为 The Formalist Foundations of Mathematics,发表于 1931 年。本文译自:P Ben-acerraf,H Putnam,Philosophy of Mathematics:Selected Readings,Prentice-Hall,Inc. Englewood Cliffs,New Jersey,1964,p. 50-54。

展)进行了广泛的讨论,因此,我们无须再详述这些论题。当然,了解它们对于理解希尔伯特的证明论的效用、旨趣和进行方式来说是一个必要前提。下面我们就直接转向证明论。

希尔伯特的证明论的主导思想在于:即使古典数学的命题内容上原是假的,它也包括一种内在的封闭程序,这一程序是按所有数学家都熟悉的固定规则来施行的,主要是不断地构造被认为是"正确的"或"已证的"初始符号的某些组合。而且,这种建构程序是"有限的"和直接构造的。为了清楚地看出偶尔对于数学"内容"(实数等)的非构造性处理与证明步骤向来具有的构造性联系之间的本质区别,我们来考虑下面的例子。假设关于具有某种非常复杂和深奥的性质 $E(x)$ 的实数 x 的存在性有一个古典证明,那么情况可能会是:从这个证明出发,我们无论如何也不能得到一个程序来构造一个 x 使得有 $E(x)$。(我们马上就会给出这种证明的一个例子。)另一方面,如果由于某种未知的原因,该证明违反了数学推理的常规,也就是说,如果它包含了一个错误,那么我们自然可以通过有限的检验步骤找到这个错误。换句话说,尽管古典数学命题的内容并不总是(一般而言)能在有限步内被证实,但是我们用来得到该命题的形式方法却可以做到。因此,如果我们想要证明古典数学的有效性,而原则上只有把它归约到先验有效的有限主义系统(布劳威尔的系统)才是可能的话,那么我们就应该研究证明方法,而不是命题。我们必须把古典数学看成是玩弄初始符号的一种组合游戏,我们还必须用有限的组合方式确定,这种构造方法或"证明"导致了哪些初始符号的组合。

正如我们许诺的那样,现在我们就来给出非构造的存在性证明的一个例子。设 $f(x)$ 是一个函数,它从 0 到 $\frac{1}{3}$,从 $\frac{1}{3}$ 到 $\frac{2}{3}$,从 $\frac{2}{3}$ 到 1,…是线性的。令

$$f(0) = -1;$$

$$f\left(\frac{1}{3}\right) = -\sum_{n=1}^{\infty} \frac{\varepsilon_{2n}}{2^n};$$

$$f\left(\frac{2}{3}\right) = \sum_{n=1}^{\infty} \frac{\varepsilon_{2n-1}}{2^n};$$

$$f(1) = 1。$$

ε_n 的定义如下:如果 $2n$ 是两个素数之和,则 $\varepsilon_n = 0$;否则 $\varepsilon_n = 1$。显然 $f(x)$ 是连续的并且在任何一点 x 可以按任意的精确度来计算。由于 $f(0) < 0$ 且 $f(1) > 0$,所以存在一个 x,这里 $0 \leqslant x \leqslant 1$,使得 $f(x) = 0$(事实上,很容易看出 $\frac{1}{3} \leqslant x \leqslant \frac{2}{3}$)。然而,寻找精确度大于 $\pm \frac{1}{6}$ 的一个根的工作将遇到巨大的

困难。根据数学目前的情况,这些困难是无法克服的,因为
假如我们能够找到这样一个根,那么按照它的近似值分
别 $\leqslant \frac{1}{2}$ 或 $\geqslant \frac{1}{2}$,我们就能肯定地预言存在一个根 $< \frac{2}{3}$ 或
$> \frac{1}{3}$。前一种情形(其中根的近似值 $\leqslant \frac{1}{2}$)既排除了
$f\left(\frac{1}{3}\right) < 0$,也排除了 $f\left(\frac{2}{3}\right) = 0$;后一种情形(其中根的近
似值 $\geqslant \frac{1}{2}$)则既排除了 $f\left(\frac{1}{3}\right) = 0$,也排除了 $f\left(\frac{2}{3}\right) > 0$。
换句话说,在前一种情形中,对于所有偶数 n,ε_n 的值必须
是 0,但对于所有奇数 n 则不是;在后一种情形中,对于所
有奇数 n,ε_n 的值必须是 0,但对于所有偶数 n 则不是。由
此,我们就将证明,哥德巴赫的著名猜想($2n$ 总是两个素
数之和)并不普遍成立,而是在前种一情形中对于奇数 n,
在后种一情形中对于偶数 n 就已经不成立了。但是今天没
有哪个数学家能够对两种情形中的任一种提供一个证明,
因为没有人能够找到比具有 $\frac{1}{6}$ 的误差更精确的 $f(x) = 0$
的解。(对于误差 $\frac{1}{6}$,$\frac{1}{2}$ 将是根的一个近似值,因为它位于
$\frac{1}{3}$ 和 $\frac{2}{3}$ 之间,即在 $\frac{1}{2} - \frac{1}{6}$ 和 $\frac{1}{2} + \frac{1}{6}$ 之间。)

二

因此,希尔伯特的证明论必须完成以下任务:

(1)要列举出数学和逻辑中使用的全部符号。这些符号称为"初始符号",包括"～"和"→"(它们分别代表"否定"和"蕴涵")。

(2)明确刻画所有那些代表古典数学中"有意义的"命题的符号组合。这些组合称为"公式"。(注意,我们只是说"有意义的",而不必是"真的"。"1＋1＝2"是有意义的,但"1＋1＝1"同样是有意义的,尽管事实上一个命题是真的,而另一个命题是假的。另一方面,像"1＋→＝1"和"＋＋1＝→"这样的组合是无意义的。)

(3)要提供一种构造程序,它能使我们不断地构造出与古典数学中"可证的"命题相对应的所有公式。因此,这一程序被称为"证明"。

(4)要(以一种有限的组合方式)表明,那些与古典数学中能够通过有限的算术方法检验的命题相对应的公式,可以通过任务(3)中描述的程序来证明(构造出来),当且仅当相应命题的检验结果表明它是真的。

完成(1)～(4)项任务就是要把古典数学的有效性确定为一种证实算术命题的简便方法,而对其进行初等证实将是

段 task

非常冗长的。但由于事实上这也是我们使用数学的方式，所以我们同时足以建立起古典数学的经验有效性。

应该说罗素和他的学派已经几乎圆满地完成了(1)～(3)项任务。事实上，(1)～(3)项任务所暗示的逻辑和数学的形式化可以用许多不同的方式来进行。这样，真正成为问题的就是任务(4)。

关于任务(4)，我们应该注意：如果通过数值公式的"能行检验"证实它是真的，那么，要是任务(1)～(3)真正完全再现出古典数学的话，该检验步骤就可以转化为这个公式的一个形式证明。因此，任务(4)给出的评判标准确实是必要的，我们只需证明它也是充分的。如果通过数值公式的"能行检验"证实它是假的，那么从那个公式我们就能推导出关系 $p = q$，这里 p 和 q 是两个不同的"能行检验"给定的数。因此，[根据任务(3)]这将给出 $p = q$ 的一个形式证明，根据这个形式证明，我们显然可以得到 $1 = 2$ 的一个证明。因此，我们为完成任务(4)必须证明的唯一事情就是 $1 = 2$ 的形式不可证性，即我们只需要研究这个特定的假数值关系。用任务(3)中描述的方法建立的公式 $1 = 2$ 的不可证性称为"相容性"。因而，真正的问题就是找到相容性的一个有限的组合证明。

三

为了能够表明相容性证明所取的方向，我们需要对——

如任务(3)中的——形式证明程序做略微精密的考虑。它的定义如下：

(3₁)某些公式称为公理，它们是用明确和有限的方式刻画的。每个公理被认为是证明了的。

(3₂)如果 a 和 b 是两个有意义的公式，并且如果 a 和 $a \rightarrow b$ 都得到了证明，则 b 也得到了证明。

注意，尽管定义(3₁)和定义(3₂)的确能使我们依次写出所有的可证公式，但这一过程绝不可能完成。另外，定义(3₁)和定义(3₂)并不包含决定一个已知公式 e 是否可证的程序。因为我们不能事先说出为了最终证明 e 必须要依次证明哪些公式，其中的一些公式可能会非常复杂并且在结构上十分不同于 e 本身。(例如，任何熟悉解析数论的人都知道这种可能性是相当大的，尤其是在数学的最有趣的部分中。)但是对于一个任意给定的公式，靠一种(自然是有限的)一般程序来决定其可证性的问题即数学上的所谓判定问题，要比这里所讨论的问题困难得多，复杂得多。

给出古典数学中使用的公理将会使我们离题太远，而我们下面所讲的就足以刻画它们了。虽然有无穷多的公式被当成公理(例如，根据我们的定义，$1=1,2=2,3=3,\cdots$ 当中的每一个都是一个公理)，但它们却是从有限多的模式，通过"如果 a,b 和 c 是公式，则 $(a \rightarrow b) \rightarrow ((b \rightarrow c) \rightarrow (a \rightarrow c))$ 是一个公理"等方法替换构造出来的。

这样看来,如果我们能够成功地给出一个公式类 R,使得

(α)每一个公理属于 R。

(β)如果 a 和 $a \rightarrow b$ 属于 R,则 b 也属于 R。

(γ)"$1=2$"不属于 R。

那么我们就将证明了相容性,因为根据(α)和(β),每个已证的公式显然一定属于 R,而根据(γ),$1=2$ 因此一定是不可证的。然而,实际给出这样一个类在目前是不可想象的,因为它的难度与判定问题的难度相当。不过以下说法可以使这个问题大为简化:如果我们的系统是不相容的,那么就会存在一个 $1=2$ 的证明,其中仅用到了有限多的公理。我们把这个公理集称为 M。这样,公理系统 M 已经是不相容的了。因此,如果古典数学的公理系统的每个有限子系统是相容的,那么它一定也是相容的。而如果对任何有限的公理集 M,我们能够给出一个公式类 R_M,它具有如下性质:

(α)M 的任一公理属于 R_M。

(β)如果 a 和 $a \rightarrow b$ 属于 R_M,则 b 也属于 R_M。

(γ)"$1=2$"不属于 R_M。

那么,情况确实如此。这个问题与(非常困难的)判定问题并没有联系,因为 R_M 仅依赖于 M,并且显然不涉及(需用到全部公理的)可证性。不言而喻,(对于任何有限公理集 M)我们必须要有一个有限的构造 R_M 的程序,并且(α),(β)和(γ)的证明程序也必须是有限的。

尽管古典数学的相容性还未被证明,但是对于稍狭小的数学系统已经找到了这种证明。这一系统与外尔在直觉主义系统产生之前提出的一个系统有密切的关系。实质上它比直觉主义系统更宽泛,但比起古典数学来要狭小。[1]

这样,希尔伯特的系统就通过了第一个强度检验:一个非有限的、不纯粹是构造性的数学系统的有效性已经通过有限的构造方法建立起来。是否有某个人会成功地将这种有效性检验推广到更困难也更重要的古典数学系统,只有未来会告诉我们。

(程钊译)

---

[1] 读者可以查找文献资料,如外尔的文章"数学哲学"("Philosophie der Mathematik",in Handbuch der Philosophie,Oldenbourg,Munich)。——原注

经济学中的数学方法[①]

1.引　言

1.1

　　本书旨在用不同于以往文献中所见的处理方法讨论经济理论中的一些基本问题。书中分析的某些基本问题产生于对经济行为的研究,是经济学家长期以来一直关注的核心问题。这些问题的出现,源于经济学家试图精确描述个体为了获得最大功利所做的努力,譬如企业家为了实现最大利润所做的努力等。众所周知,即使对有限的几种典型情形,如两人或更多人之间直接或间接的商品交换,双边垄断、二头垄断、寡头垄断以及自由竞争的情形,要做出这种精确描述,都会面临非常巨大——实际上是无法克服的困难。这些问题的结构是每一个学习经济的学生所熟悉的,但本书将清楚地揭示,其实它们在很多方面与目前对它们的表述极不相

[①]　原题为 The Mathematical Method in Economics,发表于 1944 年。本文译自:J. von Neumann, Oskar Morgenstern,Theory of Games and Economic Behavior, Princeton University Press,1944:1-8.这里保留了原文脚注。

同。而且,大家还将看到,只有借助于与以往以及当代其他数理经济学家所采用的完全不同的数学方法,才能获得这些问题的精确假设和相应解答。

1.2

我们的思考将导致"策略竞赛"数学理论(博弈论)的实际应用。这一理论是本书作者之一在 1928 年和 1940—1948 年几个相继的阶段里发展起来的。① 本书在介绍了这一理论后,便在上述意义上将它应用于经济问题。大家将会看到,这为许多至今尚未解决的经济问题提供了一条新的解决途径。

首先,我们必须弄清博弈论是如何与经济理论联系起来的,这两种理论的共同点是什么。为此,最好的办法是对某些基本经济问题的性质给以简要的叙述,以便清楚地看出它们之间的相同之处。然后,就能明显地看出,建立两者之间的联系非但没有任何牵强附会,而且博弈论恰好就是用以创建一套新的经济理论的恰当工具。

也许有人会误以为我们的讨论仅仅在于指出这两个领域之间的相同之处。我们希望,通过将几个看来成立无疑的

---

① 这一工作的最初阶段成果已经发表:J. von Neumann. Zur Theorie der Gesell-schaftsspiele. Math. Annalen. 1928(100):295-320. 这一理论随后的完善以及对上述引文思考的详尽阐述在此是首次发表。

公式化表述加以发展,就能令人信服地说明:经济行为的一些典型问题与描述某些博弈问题的数学概念是完全一致的。

2.运用数学方法的困难

2.1

我们先从经济理论的性质说起,并简要讨论一下数学在经济理论发展中所起的作用问题。

首先,我们应当认识到,目前的经济理论还没有一个统一的体系。而且,即使什么时候能够建立起这样一个体系,那也很可能不是在我们的有生之年完成。原因很简单:鉴于经济学家对其所处理问题的认识非常有限,而且对有关事实的描述又很不全面,所以经济学是一门太过困难的科学,绝不可能很快就建立起来。只有那些不了解这种情况的人,才有可能试图建立统一的经济理论体系。即使是远比经济学先进的科学,比如物理学,目前也没能得到什么统一体系。

下面,我们继续用物理学作比。在物理学中,有时会出现这样的情况:某一个别的物理学理论似乎为一个统一的体系提供了基础;然而,时至今日,所有的历史事实都表明这种状况最多不会持续十年以上的时间。当然,物理学研究者的日常工作并不是纠缠于这类崇高的目标,而是致力于解决某些"成熟的"具体问题。如果热衷于强求这一过高的标准,也许物理学根本不会有任何进步。物理学家研究个别的问题，其中有些具有重大的实用性，有些则很少有实用价值。物理学家的上述日常工作可能会使那些原本分开而且相距甚远的领域统一起来。然而，这样的幸事是罕见的，而且只有深入探讨过每一个领域后才有可能发生。与物理学相比，经济学作为一门科学，更少被人理解，而且无疑处于更早期的发展阶段，所以，人们显然也就不能对其发展形势提出更高的要求。

其次，我们必须注意到：科学问题之间的差异性使我们不得不采用不同的方法，而如果后来又有了更好的方法，那么原来的那些方法又将被取代。这种现象具有双重含义：在经济学的某些分支里，最有成效的工作也许是耐心细致的解释描述；事实上，在目前和今后的一段时间内，这种工作将占经济学研究的绝大部分。在另外一些分支中，也许有可能在严格的意义上发展出一套理论，而为了达到这个目的，就可能需要用到数学。

数学实际上已经被用于经济理论，甚至也许已经用得有些过头了。但无论如何，这种应用都并非很成功。这与人们在其他科学中看到的情况刚好相反：在那些学科中，数学的应用取得了巨大的成功，而且其中大部分学科离开了数学就无法前进。要解释这种现象其实非常简单。

2.2

这并不是说存在任何根本性的原因,使得数学不能被应用于经济学。人们经常听到的一些论点,诸如由于人的因素、心理因素等,或者据说是由于对一些重要因素无法度量,所以无法应用数学来研究经济学,是极端错误的,应当被彻底抛弃。早在几个世纪前,在那些现在以数学为主要分析工具的领域中,所有这些反对意见就已经或者可能已经被提出来了。所谓"可能已经",意思是说:设想我们正处于某些科学的数学化或几乎数学化的发展阶段之前,譬如16世纪的物理学,或者18世纪的化学和生物学等。在物理学和生物学的早期发展阶段,对其数学化的反对程度不会弱于目前对经济学数学化的反对程度,正因如此,我们大可将某些人对数理经济学的根本反对视为理所当然。

至于说对某些重要因素缺乏度量,热学理论是最有说服力的例子。在热学的数学理论获得发展之前,关于热学的数量化度量较之今天经济学的数量化更不被人看好。对于热的量和质(能量和温度)的精确度量是数学理论的结果而不是前提。与之形成鲜明对比的是:价格、货币以及利润的精确的数量化概念,早在几个世纪前就已经形成了。

另外有一类反对在经济学中进行数量化度量的意见,其核心是说经济学中的量不是无限可分的。这就使得在经济学中无法应用微积分,因而也就无法应用数学。考虑到物理学和化学中的原子理论,电动力学中的量子理论,以及数学分析在这些学科里所取得的众所周知的接连不断的成就,很难理解这类反对意见为何还能继续立足。

说到这里,谈谈经济学文献中另一个为大家所熟知的论点也许是颇为适宜的,这一论点也许会再度复苏并被人用以反对经济学的数学化进程。

2.3

为了阐述我们将要应用于经济学的一些概念,我们已经给出并将再给出一些物理学中的事例。一些社会科学家以各种各样的理由反对做这样的类比,其中一种比较普遍的观点是,经济学不能模仿物理学,因为经济学是一门关于人类活动现象的社会科学,它必须考虑心理因素等。毫无疑问,我们应当弄清什么因素曾促进了其他科学的发展,并研究应用同样的原则是否也能促进经济学的发展。人们只能在经济理论的实际发展过程中发现究竟是否有采用不同原则的需要,而这种发现本身就是一个重大变革。但是,由于我们可以十分肯定地说,我们还没有到达这个发展阶段,同时,我们也无法肯定将来是否会需要完全不同的科学原理——所以,如果不采用已经卓有成效地建立了物理学的方法,而考虑采用任何其他方法来研究我们的问题,都将是极不明智的。

2.4

由此可见,数学尚未更有效地应用于经济学的原因应当从别的方面去寻找。其所以未能取得真正的成功,主要是由于一些不利的情况相互结合,不过其中有些不利条件是可以逐渐消除的。首先,经济问题的阐述不够清楚——事实上,人们常常采用一些含混的词句来叙述经济问题,这使得人们乍一接触这些问题,会觉得用数学方法来处理它们似乎毫无可能,因为"问题究竟是什么"是非常不明确的。用精确的方法处理根本就不明晰的概念和问题是毫无意义的。因此,要想用精确的方法处理经济问题,第一步是通过更细致的描述工作澄清人们对事物的认识。但是,即使在那些问题被描述得比较令人满意的经济学领域,数学工具也很少被恰当使用。数学工具要么用得不够,例如,只是数一数方程和未知数的个数,就想确定一个一般的经济平衡问题;要么就是仅仅用于将文字叙述转化为符号表示,而没有任何进一步的数学分析。

其次,经济科学的经验背景明显不足。我们对经济学中有关事实的认识太少了,根本无法与完成物理学的数学化时人们所掌握的物理学知识相比。事实上,17 世纪的物理学,尤其是力学,之所以会出现决定性的转折,是由于此前天文学的发展。而天文学的这种发展是以几千年系统、科学的天文观察为基础的。到了才华超群绝伦的天文观测者泰谷·

德·布拉赫(Tycho de Brahe)时,这种天文观察达到了顶峰。在经济科学中,没有任何类似事件发生。在物理学中,设想没有泰谷而出现开普勒(Kepler)和牛顿(Newton)是荒唐的——我们没有理由希望经济学的发展会比物理学的发展更容易。

这些显而易见的说明当然不应被理解为是对经济统计研究的贬低,因为在这种研究工作中,寄托着经济学朝着正确方向前进的真正希望。

正是上面提到的种种情况相互交织在一起,才使得数理经济学还未取得更多的成就。对数学这种强有力但却很难掌握的工具的不充分和不恰当的运用,尚未能消除经济问题叙述的根本性的含混和人们对经济现象的根本性的无知。

根据前面的解释,可以将我们的立场描述如下:本书的目的并不在实验研究方面。经济科学在实验研究上的任何进展,譬如说上面提到的必要的发展规模,显然在经济研究中占有相当大的比重。也许人们希望,由于科学技术的进步和人们在其他领域内经验的积累,描述性经济学的发展将不会像天文学那样,需要那么长的时间。但无论如何,这项工作都超出了任何个人规划的范畴。

我们只准备对一些非常一般的人类行为经验进行讨论,这些行为能够用数学方法来处理,并且在经济学中有着重要意义。

我们相信,对这些现象进行数学处理的可能性能够驳斥§2.2中所提及的那些"根本性"的反对意见。

然而,我们也将看到,这种数学化的过程并非完全显而易见的。事实上,上面提到的反对意见的部分根源正在于采用任何数学方法的相当明显的困难。我们将看到,发展迄今为止在数理经济学中尚无人采用的数学方法是非常必要的,而且更进一步的研究将极有可能导致新的数学学科的建立。

最后,我们还可以看到,人们对于用数学方法处理经济理论的部分不满感觉主要是由以下事实造成的:当用数学方法处理经济理论时,人们往往看不到证明而只看到一些结论,而这些用数学形式给出的结论实在并不比用文字形式给出的类似结论高明。缺少证明的极为常见的原因是这个试图采用数学方法的领域是如此广阔而复杂,这使得在今后相当长的一段时间内——直到人们获得了更多的经验知识——几乎没有任何理由希冀取得更加数学化的进展。用这种方法来进行这些领域的研究——例如经济波动理论,生产的时间结构等——的事实表明,人们是如何低估了伴随这种处理过程的困难。这些困难是巨大的,而且目前我们还没有办法解决它们。

2.5

当将数学成功地应用于一个新的课题时,数学方法——事实上是数学本身就会发生一些变革。前面我们已经提到了那些变革的性质和可能性,客观地认识这些变革是重要的。

我们不能忘记这些变革可能是非常巨大的。数学应用于物理学的决定性阶段,即牛顿力学原理的建立,带来了微积分的发明,并且很难从这种发明中分离出去。(还有一些其他的例子,但没有哪个比这个更有说服力了。)

社会现象的重要性,其表现形式的丰富性和多样性及其结构的复杂性,至少是与物理学中的情况相等的。因此,人们盼望或担心的是:数学必须有能与微积分的发明相比拟的新发现,才能在社会科学领域取得决定性的成功。(顺便提一下,根据这种态度,我们现在的成就是必须要打折扣的。)况且,仅仅重复使用那些在物理学中卓有成效的方法来研究社会现象也不大可能会奏效。成功地运用那些方法解决社会问题的可能性确实是非常小的,因为大家将会看到,我们在后面的讨论中所遇到的一些数学问题与人们在物理学中遇到的那些数学问题有极大的不同。

请记住这些观察分析结果以及目前人们过分强调微积分、微分方程等的应用是数理经济的主要工具的现状。

3.研究目标的必要限制

3.1

现在,我们必须回到前面所说的出发点:我们有必要从那些已被清楚描述的问题入手,即使这些问题也许从任何角度看都并不重要。我们进一步指出,对这些可处理的问题的解决也许会导出一些大家早已熟知但却一直缺乏严格证明的结果。一个描述性的理论在得到严格证明之前,其实是不能作为科学理论而存在的。早在人们能够用牛顿定律解释、计算行星的运行轨道之前,行星的运动就已广为人知了;在许多较小和不太引人注目的例子中,也有类似情况。同样,在经济理论中,人们可能已经知道某些结果,譬如双边垄断的不定性。然而,把它们再次从严密的理论中推导出来却是很有意思的。对几乎所有业已建立起来的经济学定理都可以而且也应该这样说。

3.2

最后,也许应该补充一点,即我们不打算讨论所处理问题的实际意义。这与我们前面所说的关于选择理论领域的原则是一致的。在这里,情况与在其他科学领域里没有什么区别。在其他科学领域漫长而卓有成效的发展过程中,该领域中那些从实用的观点来看是最重要的问题,也许曾经是完全不可掌握的。当然,在经济学中情况依然如此。在经济学中,最重要的是知道如何稳定就业率,如何增加或者适当分配国民收入。没有人能真正回答这些问题,而我们自己也没必要忙于那种现在就能有科学解答的主张。

在每一门学科中,当通过研究那些与终极目标相比颇为朴实的问题,发展出一些可以不断加以推广的方法时,这门学科就得到了巨大的进展。自由落体是一个很平凡的物理现象,但正是对这一极其简单的事实的研究以及将它与天体进行的比较,导致了力学的产生。

在我们看来,同样朴实的原则也适用于经济学。试图解释——而且是"系统地"解释——一切经济现象是徒劳的。稳妥的做法是首先在一个有限的领域内获得最大限度的精确性和熟练性,然后再着手研究另一个范围稍广一些的领域,并这样做下去。这种做法还能去除那种将一些所谓的理论应用于经济或社会改革,结果却是毫无用处的不健康的做法。

我们相信,尽可能多地了解个体行为以及交换的最简单的形式是必要的。这种观点已被边际效用学派的创始人卓有成效地采用了,但是,尽管如此,它还没有被普遍接受。经济学家常常致力于一些更大、更"热"的问题,并且把妨碍他们做出关于这些问题的结论的所有东西都扫除一清。比较先进的科学如物理学的经验告诉我们,这种急性子的做法只会延误对包括那些"热点"问题的研究在内的科学研究的进展。我们没有任何理由假定在科学研究中存在捷径。

4.结束语

大家必须认识到,经济学家不能期望自己的运气会比其他学科的科学家更好。一种合理的预期是,经济学家将必须首先研究经济生活中那些非常简单的事实所包含的问题,并努力建立能够解释这些问题而且符合严格的科学标准的理论。我们可以有充分的信心认为:在此之后,经济科学将进一步发展,并将逐渐涵盖远比其初创时所处理的那些问题重要得多的问题。①

本书涉及的领域非常有限,而且我们正是这样有节制地处理本书内容的。我们丝毫不担心我们的研究结果是否与人们新近获得或者长期坚持的观点一致,因为重要的是仔细分析经济事实的日常表现,并在此基础上逐渐发展出一套理论。这个初始阶段必须是启发式的,也就是说,它必须是一个由对看似正确的论点进行非数学的考察到用规范的数学进行处理的过渡阶段。最后得到的理论在数学上必须是严密的,而其概念则具有一般性。它必须首先应用于那些结果从来无人质疑而且实际上也无须任何理由来解释的基本问

---

① 事实上,刚开始时所研究的问题是有一定的重要性的,因为少数个体之间的交换形式与所观察到的现代工业的某些最重要的市场中的交换形式,或者国际贸易中国家之间的商品交换形式是一样的。

题。在这个早期阶段,应用是用来印证理论的。然后,理论被应用于某些比较复杂的情况,这些情况的结果也许已经不再是显而易见和为人所熟知的了,这时理论就发展到了一个新的阶段,这里理论和应用是相互印证的。超越了这个阶段,就达到了真正成功的境地:真正用理论做预测。众所周知,所有数学化了的学科都曾经经历过这些相继的发展阶段。

（王丽霞译）

关于 EDVAC 报告的
第一份草稿(节选)[①]

1.定 义

1.1

以下的考虑涉及一种非常高速的自动数字计算系统的结构,尤其是它的逻辑控制。在进入具体细节以前,就这些概念做一些一般性的解释也许是合适的。

1.2

自动数字计算系统是一种(通常是高度复合的)装置,它能够执行指令以完成具有相当大复杂度的计算,例如,求具有两个或三个变量的非线性偏微分方程的数值解。

对于这个装置,必须绝对详尽地给出支配这一运算的指令。它们包括为求解所考虑的问题所需的全部数值信

---

① 原题为 First Draft of a Report on the EDVAC,发表于 1945 年。本文译自:W. Aspray, A. Burks(ed.). Papers of John von Neumann on Computing and Computer Theory. The MIT Press,1987:17-29.

息:因变量的初始值和边界值,固定参数(常数)值,在表述问题时出现的固定函数表。这些指令必须以该装置能够理解的某种形式给出:在一组卡片或电传打字带上打孔,在钢带或钢丝上加磁,在电影胶片上曝光,将一个或多个固定的或可交换的配线板用导线相连——这张单子绝不必是完全的。所有这些步骤都需要使用某种编码,来表达所考虑的问题的逻辑定义或代数定义,以及必要的数值信息。

这个装置一旦被赋予这些指令,它就必须能够完全地执行它们,而无须智慧人类的进一步干预。在所需的过程结束后,该装置必须再次用上面提到的形式之一记录这些结果。这些结果是数值数据。它们是该装置在执行上述指令的过程中所产生的数值信息的一个特殊部分。

1.3

然而值得注意的是,该装置(为了达到这些结果)通常将产生比所提到的(最终)结果实质上更多的数值信息。因此,其数值输出中仅有一部分将被如§1.2中所示的那样记录下来,剩下的部分则只在该装置的内部进行循环,并不为人的感官所记录。关于这一点,接下来还要做进一步的讨论。

1.4

当然,对于我们在§1.2中关于该装置的预期自动功能所讲的一切,必须假定其功能是完美无缺的。然而,任何装置的故障总是一个有限的概率——对于一个复杂的装置和一长串的运算来说,这个概率不可能被忽略不计。任何错误都可能损害该装置的整个输出。为了识别和改正这种故障,智慧人类的干预通常是必需的。

然而,在某种程度上避免这些现象却是可能的。该装置可以自动地识别那些最常出现的故障,用外部可视的符号表明其存在和位置,然后停止工作。在一定条件下它甚至可以自动地进行必要的修改并继续工作。

2. 该系统的主要部分

2.1

在分析该设想装置的功能时,某些分类上的区别立刻显现出来。

2.2

第一,因为该装置主要是一台计算机,它必须经常不断地进行初等算术运算。这些运算是加、减、乘、除,即＋,－,×,÷。因而它理应包含用来做这些运算的专门器件。

然而,必须注意到,尽管这一原则本身可能是合理的,但是用以实现它的特殊方式却需要更仔细地考察。即便上面列出的运算＋,－,×,÷也不是毫无问题。它可以扩展到包

括如 $\sqrt{}$，$\sqrt[3]{}$，sgn，$|\ |$，还有 $\log_{10}$，$\log_2$，ln，sin 和它们的逆等运算。人们也许会考虑对其做出限制，例如，省略掉 ÷，甚至 ×。人们还可能考虑更随意的配置。对于一些运算来说，根本不同的步骤是可以想象的，例如，使用逐次逼近法或函数表。我们将继续研究这些问题。无论如何，该装置大概必须要有一个中心算术部分，它构成了第一个专门部分：CA。

2.3

第二，对该装置的逻辑控制，即对其运算的适当排序能够由一个中心控制器件非常有效地来执行。如果该装置是灵活的，也就是说几乎是通用的，那么必须要区分为了定义一个特定的问题而给出的专门指令，以及设法执行这些指令——无论它们是什么——的一般控制器件。前者必须以某种方式来储存——在目前的装置中这一步的做法就像在§1.2中表明的那样——后者是由该装置的确定的操作部分来表示的。所谓中心控制仅仅是指这后一功能，执行它的器件构成了第二个专门部分：CC。

2.4

第三，进行冗长复杂的一系列操作（尤其是计算）的任何装置必须具有一个相当大的存储器。至少其操作运行的以下八[1]个方面需要存储器：

① 原文为"四"，疑误。——译者注

(a)即便在做乘法或除法的过程中,也必须存储一系列中间(部分)的结果。这在较小程度上甚至适用于加法和减法(当一个进位数可能需要越过几个数位时),并在较大程度上适用于 $\sqrt{}$, $\sqrt[3]{}$(如果需要这些运算的话)。

(b)支配复杂问题的指令也许会形成很多资料,如果编码(像在大多数配置中那样)是详尽的,尤其如此。这一资料必须要存储。

(c)在许多问题中,专门的函数扮演着不可或缺的角色。它们通常是以表的形式给出的。的确,在某些情形中,函数就是通过经验以这种方式给出的(例如,在许多流体动力学问题中的物质状态方程)。在另一些情形中,它们也许是以解析表达式给出的。但当需要求出值时,从一个固定的表获得它们的值,仍有可能比(根据解析表达式)重新计算它们来得简便快捷。通常,仅具有适中条目(100~200)的表并使用插值是方便的。在大多数情形中,线性甚至二次插值都是不够的,因此最好依靠三次或双二次(甚至更高次)插值的标准。

在§2.2中提到的一些函数可以用这一方法来处理:$\log_{10}$,$\log_2$,$\ln$,$\sin$ 和它们的逆,可能还有 $\sqrt{}$, $\sqrt[3]{}$。甚至倒数也可以用这种方法来处理,由此将÷化成×。

(d)就偏微分方程来说,初始条件和边界条件可以构成一种范围广泛的数值资料,在讨论给定的问题时必须始终记录它们。

(e)对于沿一个变元 t 积分的双曲型或抛物型偏微分方程,为了完成周期 $t+dt$ 内的计算,必须记录属于周期 t 的(中间)结果。这一资料大多属于类型(d),另外,在装置自动运行的过程中,它不是由操作员放进装置中的,而是该装置本身产生的(并且有可能接下来再次被 $t+dt$ 的相应数据移走和取代)。

(f)对于全微分方程来说,(d),(e)也适用,但它们所需的存储量较小。在依赖于给定常数、固定参数等问题中,类型(d)则有更多的存储需求。

(g)逐次逼近法解决的问题(例如,由松弛法处理的椭圆型偏微分方程)需要属于类型(e)的一种存储:当计算下一个近似值时,每次近似的(中间)结果必须记录下来。

(h)分类问题和某些统计实验(对此,非常高速的装置提供了一个令人感兴趣的机会)需要对正在处理的资料进行存储。

2.5

对上述内容的总结:该装置需要一个相当大的存储器。尽管看起来这个存储器的各个部分必须发挥本质上没什么区别而在目的上差异极大的功能,但是,我们依然倾向于把整个存储器当成一个器件来处理,甚至使其各个部分就上面列举的各项功能而言尽可能是可交换的。

无论如何,整个存储器构成了该装置的第三个专门部分 :M。

2.6

三个专门部分 CA,CC(合起来为 C)和 M 对应于人类神经系统中的**联络**神经元。剩下来还要讨论感觉或传入神经元和**运动**或传出神经元的等价物。这些是该装置的输入和输出器件,我们现在就对它们做简要的讨论。

换言之,该装置的 C 部分与 M 部分之间的全部数值(或其他)信息的传递一定受这些部分所包含的机制的影响。然而,仍有必要获得从外部进入该装置的初始确定信息,同样有必要获得从该装置到外部的最终信息,即结果。

所谓外部,我是指在§1.2 中所描述的那种类型的媒体:在这里,信息或多或少能直接由人类活动(打字、穿孔、同类型的键引起的镁光灯闪烁、某种模拟方式下的磁化金属带或金属丝等)产生,它能被静态地存储,并且最终或多或少能被人类器官直接地感受到。

必须赋予该装置维持与某些特殊的这类媒体的输入和输出(感觉的和运动的)接触的能力(参见§1.2):这种媒体将被称为该装置的外部记录媒体 :R。

2.7

第四,该装置必须具有将信息(数值和其他)从 R 转换到它的专门部分 C 和 M 的器件。这些器件形成了它的输入,即第四个专门部分:I。我们将会看到,最好是把所有信息从 R (通过 I)转换到 M,而不是直接从 R 转换到 C。

2.8

第五,该装置必须具有将信息(可能仅仅是数值)从它的专门部分 C 和 M 转换到 R 的器件。这些器件形成了它的输出,即第五个专门部分:O。我们同样会看到,最好是把所有信息从 M(通过 O)转换到 R,而不是直接从 C 转换到 R。

2.9

进入 R 的输出信息,表示的是该装置关于所讨论的问题的最终运算结果。这些结果必须要同在 §2.4(e)～(g)所讨论的中间结果(它们仍留存在 M 内)相区别。就这一点而言,产生了一个重要问题:R 除具有可以或多或少直接进入人的活动和知觉的属性外,它还具有一个存储器的属性。的确,它是长期存储所有那些从处理各种问题的自动装置获得的信息的自然媒体。那么,为什么必须要在该装置的内部提供另一种类型的存储器 M 呢? M 的全部或至少某些功能——最好是那些涉及大量信息的功能——可以被 R 取代吗?

查看一下 M 的典型功能,如在 §2.4(a)～(h)所列举的,表明:将(a)(在进行一种算术运算时所需的短时存储器)移到该装置的外部,即从 M 移到 R 会便利些。所有现存的装置,甚至现存的台式计算器在这一点上都使用 M 的等价物。不过,(b)(逻辑指令)可以从外部,即通过 I 从 R 感知到,对于(c)(函数表),(e),(g)(中间结果)而言也是一样的。当该装置产生它们时,通过 O 可以将后者转移到 R,并在需要时通过 I 从 R 感知到它们。这在某种程度上对于(d)(初始条件和参数),甚至可能对于(f)(从某个全微分方程得到的中间结果)也是适用的。至于(h)(分类和统计),情况则有些含混:在许多情形中,的确有可能使用 M 加速处理资料,但是将使用 M 和更长期地使用 R 加以混合,而不严重地牺牲速度且不显著地增加所处理的资料量,或许是可行的。

实际上,就所有这些目的[除上面指出的(a)外]而言,现有的全部(完全或部分自动)计算装置都使用 R——如一叠穿孔卡片或一段电传打字带。尽管如此,我们会看到,由于在 §2.4(a)~(h)中所列举的各项目的,以及情形(e),(g),(h)中的某些限制,除非一个真正高速的装置能够依靠 M 而不是 R,否则它的用途将是很有限的。

3.讨论的步骤

3.1

在完成了上面的分类后,我们现在就有可能来研究该装置被分成的五个专门部分,并对它们逐一进行讨论。这样的讨论必须阐明这些部分各自本身以及在其相互联系中所具有的特性。我们还须确定,以该装置的观点处理数时,在进行算术运算和在提供一般的逻辑控制时所使用的专门步骤。涉及调控和速度以及各种因素的相对重要性的全部问题,都必须在这些讨论的框架内得以解决。

3.2

理想的步骤将是以某种确定的次序研究这五个专门部分,详尽地论述它们中的每一个,并且只有在对前一个专门部分做了完全讨论后才进行下一个专门部分的讨论。然而,这看来几乎是不切实际的。各部分的预期性能和基于它们的判断,只是在经过有些曲折的讨论后才会浮现出来。因此,有必要先研究一个专门部分,在经过一番不完全的讨论后转入第二个专门部分,结合对第一个专门部分的讨论结果,对第二个专门部分进行同样不完全的讨论,之后返回第一个专门部分,以扩大对它的讨论,但并不做出结论,接着可能进行第三个专门部分的讨论,等等。并且,这些关于专门部分的讨论,将同对一般原则、算术步骤、所用元件等的讨论融合在一起。

在此讨论过程中,预期性能以及似乎最适于保证它们正常运行的配置将逐渐具体化,直到该装置及其控制呈现出一种相当确定的形态。正如先前所强调的,这既适用于物理装置,也适用于管理其功能的算术和逻辑配置。

3.3

在这一讨论中,§1.4 中关于故障的检测、定位以及在某些条件下修复的观点也必须得到适当的考虑。就是说,必须对检查错误的能力给予注意。对这个重要的问题,我们尚不能完全讲清楚,但是如果有必要的话,我们将尝试对它做至少是粗略的讨论。

4.元件,同步性神经元类比

4.1

我们的讨论以某些一般性的评论作为开始:

每个数字计算装置都包含若干像元件一样并处于分立平衡的继电器。这样的元件具有两个或多个明显不同的状态,它能够长时期地以这些状态存在。这些状态可能处于完全的平衡,在没有任何外部支持的条件下,元件将以其中的一种状态保持不变,而适当的外部刺激将使它从一种平衡转换到另一种平衡。或换个说法,可以存在着两种状态,其中之一是一种没有外部支持时存在的平衡,而另一种平衡的存在则依赖于一个外部刺激的出现。一旦元件本身接收到上述类型的一个刺激,继电器就会在元件释放刺激的过程中表明其自身的作用。所释放的刺激与所接收的刺激必须是同一类的,也就是说,它们必须能够刺激其他元件。然而,所接收的刺激与所释放的刺激之间一定不能有能量关系,即已经接收了一个刺激的元件必须能够释放出几个同样强度的刺激。换句话说,作为继电器的元件必须从另外的能源而不是从接下来的刺激获得其能量供应。

在现有的数字计算装置中,各种机械的装置和电动的装置已被用作元件:转轮,它们能被锁定在十个(或更多)重要位置中的任何一个,并且在从一个位置转向另一个位置时,发出能使其他类似的轮子转动的电脉冲;单一或复合电报继电器,它们由一个电磁铁和开放或闭合电路来驱动;两种这些元件的组合;最后,有可能使用真空管,其栅极充作阴极板电路的阀。这似乎是合理的和令人感兴趣的。在上面提到的最后一个情形中,栅极也可由偏转器件来代替,也就是用阴极射线管代替真空管——但很可能在将来的某个时候,真空管本身产量的增加和它的电学优势将使得第一个步骤突显出来。

任何这样的装置都可以通过其元件的相继反应次数来自主地调控自身。在这种情形,所有的刺激必须最终起源于输入。作为替代,可以借助一个固定时钟来使其得到调控,该时钟所提供的某些刺激是它在确定的周期性时刻发挥功能所必需的。这个时钟可以是一个机械装置或一个混合的机电装置中的旋转轴;它还可以是纯粹的电动装置中的一个电动振荡器(可能是晶体控制的)。如果我们信赖该装置同时进行的几个不同操作序列的同步性,那么时钟施加的调控就显然是更可取的。我们将在上面定义的技术意义上使用术语**元件**,并且根据其调控(如上面所描述的那样)是由时钟施加的还是自主的而称该装置为**同步的**或**异步的**。

4.2

值得一提的是,高等动物的神经元确实是前述意义上的元件,它们具有"全或无"的特征,即有抑制和兴奋两种状态。除了一个有趣的差异外,它们满足 §4.1 的要求:一个兴奋神经元会沿着许多路线(轴突)释放出标准的刺激。然而,这样一条路线能以两种不同的方式与下一个神经元连接起来:首先,以**兴奋性突触**的方式,使得该刺激引起那个神经元的兴奋。其次,以**抑制性突触**的方式,通过对其他兴奋性突触的刺激,使得该刺激完全阻止那个神经元的兴奋。在接受刺激和释放由它引起的刺激之间,该神经元还有一定的反应时间、**突触延迟**。

仿照 W. 匹茨(W. Pitts)和 W. S. 麦克库洛赫(W. S. Macculloch)[1],我们忽略神经元功能的更为复杂的方面:阈,时间总和,相对抑制,由超出突触延迟的刺激后效引起的阈的改变,等等。但是,偶尔考虑具有固定阈为 2 和 3 的神经元是方便的,这种神经元只能由对 2 个或 3 个兴奋性突触(并且

---

[1] 神经活动中固有思想的一种逻辑演算. 数学生物物理学通报. 1943,5:115-133.

不对任何抑制性突触)的(同时)刺激来激发。

容易看出,这些简化的神经元功能可以用电报继电器或真空管来模拟。尽管神经系统(对于突触延迟)可能是异步的,但是精确的突触延迟可以通过使用同步装置来获得。

4.3

显然,一个理想的、非常高速的计算装置应该具有真空管元件。像计数器和定标器那样的真空管集成体已被人们所使用,并且人们发现它们在短至 1 微秒($=10^{-6}$ 秒)的反应时间(突触延迟)是可靠的,这样的表现没有任何其他装置能够接近。的确,对于纯粹的机械装置可以完全不加以考虑,而实用电报继电器的反应时间则属于 10 毫秒($=10^{-2}$ 秒)级或更多。有趣的是,我们注意到一个人类神经元的突触时间属于 1 毫秒($=10^{-3}$ 秒)级。

因此,我们将在下面的讨论中假定该装置以真空管为元件。我们还将以所用电子管的类型是普通的和商品化的作为根据,尝试对所涉及的电子管数量、调控等做出全面估计。也就是说,我们将不使用特别复杂的或具有全新功能的电子管。在对普通类型(或一些等价元件)进行了详尽的分析后,使用新类型电子管的可能性实际上就变得越来越清晰和明确。

最后我们将看到,一个同步装置具有很多有利之处。

5. 支配算术运算的原理

5.1

我们现在来考虑第一个专门部分:中心算术部分 CA 的某些功能。

在§4.3 中所述意义上的元件,即用作**电流阀**或门的真空管是一个"全或无"装置,或至少接近于此:按照栅偏压高于或低于隔断器的不同情况,它将有电流或没有电流通过。的确,为了维持两种状态中的任何一个,它的所有电极都需要一定的电势,然而存在着处于完全平衡的真空管组合:完全平衡是这样的状态,其中每一个都使得该组合在没有外部支持的条件下能够无限期地存在,而适当的外部刺激(电脉冲)则会使其从一种平衡态转换到另一种平衡态。这些就是所谓的**触发电路**。最基本的触发电路具有两个平衡态并且包含两个三极管或一个五极管。具有两个以上平衡态的触发电路得到了人们太多的关注。

因此,无论电子管被用作门还是触发器,"全或无"这样两种平衡配置是最简单的。由于这些电子管的配置是打算借助数字来处理数的,自然想到要使用一种数字也是二值的算术系统。这启发我们使用二进制。

在§4.2～§4.3 讨论过的人类神经元的类似物同样也是"全或无"元件。我们将会看到,它们对于所有初步的、面向真空管系统的考虑是非常有用的。因此,在这里我们还是满足于要处理的自然数算术系统是二进制的。

5.2

坚持使用二进制还有可能大大简化乘法运算和除法运算。尤其是它废除了十进制乘法表,或如下复式步骤:即先通过加法将每个乘数数字或商数字做成倍数,再通过第二轮的加法或减法将这些倍数(根据位置值)组合起来。换句话说,与任何其他的算术(特别是十进制算术)相比,二进制算术具有一种更简单、更一体的逻辑结构。

当然,必须要记住,人们直接使用的数值资料很可能不得不表达成十进制。因此,R 中使用的记号应该是十进制的。但在 CA 中,同样在可能参与中央控制 CC 的任意数值资料中,严格地使用二进制程序仍是可取的。因此 M 应该只存储二进制资料。

这使得将十进制—二进制和二进制—十进制转换设备并入 I 和 O 就成为必需的了。由于这些转换需要大量的算术操作,所以最为经济的办法是与 I 和 O 一起使用 CA,并出于配合的目的,也使用 CC。然而,使用 CA 意味着用于两种转换的所有算术都必须严格地是二进制的。

5.3

在此产生了另一个原则问题。

在其元件不是真空管的所有现存装置中,元件的反应时间足以长到使得涉及加法、减法以至乘法和除法的运算步骤有某种所期望的缩短。为了举一个具体的例子,我们来考虑二进制乘法。对于许多微分方程问题来说,适当的精度是由 8 位有效十进制数字的运算给定的,即把相对舍入误差保持在 10^{-8} 以下。这对应于二进制系统中的 2^{-27},即进行 27 位有效二进制数字的运算。因此,乘法由以下步骤构成:将 27 个被乘数的每一位数字与 27 个乘数的每一位数字相配对,由此形成积数字 0 和 1,然后将它们定位并组合在一起。这些本质上需要 $27^2 = 729$ 个步骤,而汇集和组合的操作步数大约是这个数的两倍。因此 1 000~1 500个步骤基本上是正确的。

我们注意到,在十进制系统中所需的步骤数为 $8^2 = 64$,这是非常少的。这个步骤数也可能加倍,即大约为 100 个步骤。然而,这个低步骤数是以使用乘法表或在其他方面增加设备或使设备复杂化为代价取得的。以同样的代价,通过更直接的二进制技巧也能够缩短这个步骤数,对此我们马上就会进行讨论。基于这个理由,我们似乎没有必要将十进制步骤分开来讨论。

5.4

正如先前指出的,每个乘法需要 1 000～1 500 个相继步骤,这将会使任何非真空管装置的运算速度慢得让人难以接受。除最近的一些专门继电器外,所有这种装置的反应时间都超过了 10 毫秒,而这些最新的继电器(它们的反应时间可能在 5 毫秒以下)的使用时间还不是很长。由此得知每个(8 位十进制数字)乘法所需最少时间为 10～15 秒。而对于现代快速台式计算器来说,这一时间为 10 秒。对于标准的 IBM 乘法器来说,这一时间为 6 秒。

避免这些较长持续时间的逻辑步骤由**缩短运算**(telescoping operations)组成,也就是同时执行尽可能多的运算。即使对于同时执行加法或减法这样简单的运算,运行的复杂性也起阻碍作用。在除法中甚至一个数字的计算也不能开始,除非靠它左边的所有数字都是已知的。不过在相当大的程度上同时执行是可能的:在加法或减法中,所有对应的数字对都能同时结合起来,所有第一次参与执行的数字都能被一起用于下一个步骤,等等。在乘法中,所有形式为(被乘数)×(乘数)的部分积都能被同时做成并定位——在二进制中,这个部分积是零或被乘数,因而这仅仅是一个定位问题。在加法和乘法两种运算中,可以使用上面提到的加法和减法的加速形式。此外,在乘法中,部分积可以通过把第一对和第二对、第三对等同时加在一起快速地计算出来;然后将对和

(pair sums)中的第一对、第二对、第三对等同时加在一起;如此下去直到汇集了所有的项。[因为 $27 \leqslant 2^5$,这允许我们在进行 5 个加法时(addition times)——采用一个有 27 位二进制数字的乘数——汇集 27 个部分和。这个方案属于H. 艾肯(H. Aiken)。]

这种加速、缩短步骤正被用于所有现存的装置。(正如在§5.3末尾指出的,使用十进制,并伴以使用或不使用进一步的缩短技巧也属于这种类型。实际上,它的效率比纯粹的二值步骤稍低一些。由于§5.1~§5.2给出的理由,我们在此将不考虑它。)然而,它们只以刚好为其增加必要设备的速度节省时间,这就是该装置中的元件个数;显然,如果同时系统地执行两个加法使得持续时间减少一半,那么就需要将加法设备增加一倍(甚至要假定它在没有不相称的控制设施的条件下才能使用,而且是完全有效的),等等。

这种通过增加设备争取时间的方式在非真空管元件的装置中得到完全证实。在这些装置中争取时间十分必要,而对于控制许多元件的复杂装置来说,则可以利用广泛的工程经验。根据现有的经验,以这些方法建造的一种真正通用的自动数字计算系统必须包含 10 000 个以上的元件。

5.5

另一方面,对于一个以真空管为元件的装置,相反的步骤似乎更有希望。

正如在§4.3所指出的，一个不太复杂的真空管装置的反应时间能够短到1微秒。以这个速度，甚至在§5.3中得到的乘法的未加操控的持续时间也是可接受的：1 000～1 500个步骤的反应时间合1～1.5毫秒。这要比任何可以想象的非真空管装置快得多，因而它实际上出现了一个严重的问题——使该装置保持平衡，也就是与其运算同步，在它的输入和输出端以外，需保持必要的人类监控。

关于其他算术运算，可以说：加法和减法显然比乘法快很多。以27位二进制数字（参见§5.3）为基础，并考虑到进位，则每一个这样的运算应该至多花费27个步骤的两倍，即30～50个步骤或同样多的反应时间。这个反应时间为0.03～0.05毫秒。在这一方案中（其中的乘法不准备使用简便运算和缩短运算，并且要使用二进制），除法大约要花费同乘法一样多的步骤数。同样在这一方案中，开平方通常也并不比除法花费本质上更长的时间。

5.6

因此，加速这些算术运算看来并不必要——至少在我们实际上完全熟悉了这种非常高速的装置的用途，并且还正确地理解和开始开发出对它们所产生的复杂问题进行数值处理的全新可能性之前是不必要的。而且，以增加所需的元件个数为代价,借助缩短过程的加速方法是否会在这一情形中完全达到其目的,似乎是令人怀疑的:真空管装置越复杂——即所需的元件个数越多——容许限度就一定越广。所以这方面的任何增加也将需要比上面提到的 1 微秒的时间更长的反应时间。这个因素的精确定量结果很难用一般的方式来估计——但是它们对于真空管元件肯定比对于机械元件或电报继电器元件更加重要。

于是似乎值得考虑下面的观点:该装置应该尽可能地简单,即包含尽可能少的元件。如果同时进行两个运算就会显著增加所需的元件个数时绝不这么做,那么上述观点的要求是能够达到的。结果将会使该装置工作得更加稳定,并使得真空管能够具有比在其他情况下更短的反应时间。

5.7

当然,这一原则的应用能被有力地推动的程度,将依赖于可供选用的真空管元件的实际物理特性。也许,最佳效果并不在于百分之一百地应用这一原则以及找到最佳的折中办法。然而,这将不断地依赖于瞬息万变的真空管技术状况。显然,在这一情形中,可靠地发挥功用的电子管的速度越快,就坚定地应用这一原则而言,该情形的最优程度越强。利用目前的技术潜力,在解决这一问题的不懈努力中,我们似乎已经相当接近于最佳效果。

　　同样值得强调的是,到目前为止,所有关于高速数字计算装置的考虑,已经在朝着相反的方向进行:即以增加所需的元件个数为代价,通过缩短过程进行加速。因此,尝试着去尽可能全面地思索相对立的观点似乎更有教益:这就是绝对禁止上面提到的步骤,始终贯彻§5.6中确立的原则。因此,我们将朝着这个方向前进。

（程钊译）

论大规模计算机器的原理[①][②]

1. 引 言

在最近的战争年代里,应用数学在整体上——尤其是在数学物理中,特别是在过去没有引起大多数理论物理学家注意的某些重要领域——已经获得了一种相当大的推动力。这些重要的领域遍及各种形式的连续介质力学、经典电动力学、流体力学、弹性理论和塑性理论。人们可能还会提到统计学所涉及的各种问题和统计的重要性,而在其他许多方面可能会有更多的例子。另外,部分地是由于战时需要的影响,但部分地也是作为正常的工业发展(它正在日益转向自动的监控过程)的自然结果,自动感知、联合、组织和指挥的方法已经被大大推进了。在大多数情况下,这些方法是高速机电式的,或属于极其高速的电子类型。现代雷达、火炮控

---

① 原题为 On the Principles of Large Scale Computing Machines,系与戈德斯坦(Herman H. Goldstine)合写。本文译自:Collected Works,Vol. Ⅴ,p. 1-32。

② 此文从未发表过。它包含冯·诺伊曼在几次演讲中给出的材料,特别是在 1946 年 5 月 15 日由华盛顿特区海军部所属研究与发明办公室的数学计算顾问组成员召开的一次会议上给出的材料。这篇论文的原稿也包含已经发表在一篇报告"电子计算工具的设计和编码问题"中的材料(没在这里发表)。——原编者

制和电视技术都是这方面的范例。

这两种发展潮流不仅产生了对大规模、高速、自动计算的日益增长的需求,而且产生了为满足这一需求而研发相应装置的方法或潜在方法。于是人们对于自动计算机器的兴趣出现了一种超大规模的复苏。

在本文中,我们尝试着不仅从数学家的角度,而且也从工程师和逻辑学家的角度,即从或多或少(我们希望的是"少")假想的且真正适合设计科学工具的个人或群体的角度来讨论这种机器。换言之,我们将探讨纯粹数学和应用数学有哪些方面可以通过使用大规模自动计算机器而得到促进,还要探讨一个计算装置必须具备哪些特征,它才能应用数学的相应方面。

因为我们的目标并不是描述和比较计算工具(这是一件极其困难、不稳妥且有可能引起争议的事),所以我们将不试图对目前众多机构中正在发生的惊人进展给出一个完整的描述。我们的说明将不可避免地由于我们自己在此领域中的实际成果(参见本文中的第 2 节到第 5 节)而存在相当大的偏见,我们也不能自称对"当前的技术发展水平"给出了一个真正均衡的描述。尽管如此,我们仍将力争做到只是当主观上不可避免时才偏离这种均衡。无论如何,我们会时常提到现有或拟议的计算机器的那些和我们的主题相关的属性。

正如上面所指出的,我们的讨论必须围绕两个基本观点:高速、自动计算的数学需求主要位于何处?一个计算装置必须具备哪些特征,才能在数学的各种相应方面是有效的?在尝试这样一种双重取向的讨论时,我们发现要对这两个基本观点中的每一个给出单独的且连贯的说明是不可能的。事实上,可以期望只给出一种基于如下更广泛的问题的讨论:人类在各门科学中的推理能在多大程度上更有效地被机械装置所取代?然而,关于这个问题的讨论将会使我们离题太远。作为替代,我们将以如下左右摇摆的方式进行下去。我们并不固定讨论的次序,而是视需要从一个观点转到另一个观点,直到我们充分感到已经建立起这两个问题之间的相互联系,从而以对这两个问题的一种联合讨论结束本文为止。

2.对数学的重要性

我们目前的解析方法似乎不适用于解决由非线性偏微分方程产生的那些重要问题。事实上,对于纯粹数学中几乎所有类型的非线性问题都是如此。这一断言的真实性在流体力学领域尤为明显。在这个领域中,最初等的问题已经得到了解析解。而且,在用解析方法获得有限成功的几乎所有情形中,这些成功似乎纯粹出于偶然,而并非由于该方法本质上适用于有关的情形。假如人们认识到问题的物理学定义方面的变化（这些变化在物理学上完全无关且微不足道，但通常足以使先前成功的解析方法不再有效），那么这种成功的偶然性就尤为可能。这种现象的一个典型例子是：在可压缩的、非黏性的、非传导的流体动力学中的一维瞬态[黎曼(Riemann)]或二维静态(速度图)情形中引入一个小的非恒定的熵或曲率(球对称或柱对称)。请将非线性问题的这种"刻板"与在量子力学的线性演算中处理"扰动"时的灵活和优美进行比较。

继续这一思路：对于几乎任何一项真正优美或广泛适用的工作的简要考察，并且在纯粹数学和应用数学两方面的大多数成功工作都足以表明，它主要处理的是线性问题。在纯粹数学方面，我们只需看看偏微分方程和积分方程理论；而在应用数学方面，我们可以参看声学、电动力学和量子力学。在此时，分析的进展沿着非线性问题的整个前沿停滞下来。这一现象并不会瞬间有所改变，而从下面的事实来看，我们显然面对的是一个重要的概念困难，也就是说，尽管在流体力学方面的主要的数学困难从黎曼和雷诺兹(Reynolds)时代就已为人们所知，并且尽管像瑞莱 (Rayleigh)那样杰出的数学物理学家为此而奋斗了大半生，可对此并没有取得决定性的进展——事实上，以在数学物理的其他更成功的(线性！)部分所使用的标准来衡量，几乎没有任何可以认为是重要的进展。

　　然而,同样清楚的是,这些课题的困难往往模糊了现存的大部分物理学和数学规则。举个例子。在可压缩的、非黏性的、非传导的流体中出现的振荡表明,非线性偏微分方程趋向于产生间断性。而如果没有这些间断性,其理论就形不成一个和谐的整体。同时,"特征曲线"的性质很可能由此受到严重的影响。而且,引入这些间断性的"正当"方式看来必然违反汉克尔(Hankel)在其他方面精心确立的"形式规律的永恒性"原理,因为在名义上静止的、非黏性的、非传导的流体中,振荡会导致熵的改变。与此相关,它也以某种方式削弱了流体的"可逆性"。不过,我们目前所掌握的关于这些现象的信息,抑或关于其更深层的数学含义的信息,以及有关这些间断性的形成、相互作用和分解的细节方面的信息,连粗略都谈不上。另一个例子是:在不可压缩的黏性流体力学中出现的湍流表明,对于那种混合(抛物—椭圆)型的非线性偏微分方程来说,重要的并不总是知道最简单、最对称的(层状)单个解,而是某些大的、相关联的解族的信息——其中这些"湍流"解的每一个都难于个别地刻画,而其中整个解族的共同统计特征却包含着真正重要的洞见。再有,关于这些"湍流"解的严格的数学信息实际上并不存在,即便是联合(半物理学、半数学的)信息也非常稀少。甚至对于它们出现的情况的分析,关于层流的(线性!)扰动型稳定性讨论也仅是在极少数情况下进行的,并且显然使用了十分麻烦的方法。

在这一点上重要的是要避免误解。人们也许想把这些问题归于物理学问题而不是应用数学问题,更不会是纯粹数学问题。这里想要强调的是,我们确信这样一种解释是完全错误的。对物理学家来说,所有这些现象都很重要,并且通常主要是由他们来评价的,这完全正确。但这不应降低这些现象对于数学家的重要性。的确,我们认为,人们应该看到从纯粹数学的角度来评价这些现象也是极其重要的。在非线性偏微分方程领域,我们期望找到边界条件。这些现象给我们的第一个暗示就是,数学对这一领域——它是如此不容易进入——的渗透何时会最终取得成功? 如果不是以严格的数学观点去理解它们并把它们吸收进自己的思想,那么要尝试做这种渗透看来是徒劳的。

对于新的数学进展而言,起初的、有时是最重要的、具有启发性的线索应该源于物理学,这并不是一个新的或令人吃惊的事实。微积分本身就产生于物理学。椭圆微分方程理论(势论,保形映射,极小曲面)中的重大进展则产生于与物理学等价的洞察力[黎曼,普拉托(Plateau)]。甚至对于正确地用公式表述其"唯一性定理"和其"自然边界条件"的启发性方法也是适用的。在非线性偏微分方程理论中已经取得的进展,同样符合这一原则,正如我们在大多数确定的例子中似乎看到的那样。因此,尽管激波是在数学中发现的,但是它的精确表述、它的理论地位以及它的真正意义则主要由现代流体动力学家来进行评价。物理学中的湍流现象仍没有大量地用上数学工具。同时，值得注意的是导致这些现象和类似发现的物理学实验是一种相当奇特的实验形式；与物理学的其他部分相比，它有非常不同的特征。的确，在很大程度上，流体力学中的实验是在作为基础的物理学原理确实可靠的条件下进行的，其中需要观察的量完全取决于已知的方程。这种实验的目的不是验证所提出的理论，而是根据某种理论，用直接测量代替计算。例如，目前，风洞大部分被用于所谓模拟型[或者，使用维纳（Wiener）和卡德维尔（Caldwell）提出的、虽应用不广但更具暗示性的表述：测量型]的计算装置，以求解流体动力学中的非线性偏微分方程。

因此在很大程度上，这是一种有些高深的计算形式，它在流体动力学领域提供了并且仍在提供决定性的数学思想。确切地说，这是一种模拟（测量）方法。然而，数字（用维纳一卡德维尔的术语：计数）装置显然更具灵活性和准确性，而且在现有条件下可以使它更加快速。因此，我们相信，现在是致力于实现向这种装置转变的时候了，这样将使我们处理问题的能力达到前所未有的程度。

当然，我们还可以继续列举其他事例来证明我们的论点，即纯粹数学与应用数学的许多分支都非常需要计算工具来打破目前由于处理非线性问题的纯解析方法的失败而产生的僵局。不过,我们改为做出以下结论:在非线性偏微分方程领域以及其他许多目前难于接近或根本无法接近的领域,真正有效的高速计算装置可以为我们提供启发性的线索,这对于数学的所有分支的真正的进步来说都是必需的。在流体动力学这一特殊情形中,虽然有许多一流数学家试图努力打破这一领域的僵局,但是对于前面的两代人而言这些线索始终没有从数学家的纯粹直觉中出现。仅就已出现的这种线索(其范围远小于人们所期待的)来看,它是以一种物理学实验形式出现的。这种物理学实验实际上就是计算。现在,我们可以使计算更加有效、快速和灵活,从而有可能运用新型的计算机器来提供所需的启发性线索。这将最终导致分析的重大进展。

3. 初步的速度比较

作为开始,我们先对新型的自动计算装置可能引发的那些问题尝试着做一个初步的分析。有几个令人信服的原因说明为什么这样一种考察在目前不能做到尽善尽美。首先,自动计算工具可能用于许多不同的领域,因而对一个人来讲,要获得一种不偏不倚的观点,避免严重的疏忽,是极其困难的。其次,计算机的各种各样的应用大都依赖于它们的速度、灵活性和可靠性——在这方面,§1结尾部分表述的基本问题的两个方面严重地缠绕在一起。最后,它们有可能引起的变革如此基本,以致我们目前对它们的评价只能被当成是尝试性的、预先的估计。在我们认为自己能够有资格做出公正的判断之前,我们需要具有使用实际装置的大量经验。事实上,将其描述成通过不断地使用和熟悉这种装置而产生的对于我们的思维方式的一种彻底熏陶也许更好。

在对这最后一点做详尽的分析时,最好考虑到与现行的手工方法(使用台式乘法器)或标准的 IBM 乘法器相比,新机器有 10^3 到 10^5 的速度增量。例如,ENIAC(第一台电子计算机)做一道乘法题大约需要 3 毫秒,而台式乘法器需要10 秒,标准的 IBM 乘法器需要 7 秒。过分基于一种外推法而要做出可靠的预测是十分危险的,对于目前和数学还有一定距离的领域如经济学、动力气象学或生物学中的工作人员来说尤其如此,但是在这些领域中,重要的应用肯定会出现。除了上面的讨论外,还有一个与我们关于数值方法的知识有关的更基本的方面,对此我们可以给出更具体一些的评论。

我们的问题通常是以连续变量的分析问题的形式给出的,常常完全地或部分地具有一种隐含的特征。为了数字计算的目的,它们必须被纯算术的、"有限主义的"、明确的(通常是逐步的或迭代的)过程所替代,更确切地说是逼近。实施这一过程的方法,也就是一般意义上的计算方法是受可行性尤其是比较"廉价的"可行性和现有设备等条件制约的。我们的计算技术的有效性概念,事实上也就是"优美性"概念,基本上是由这种实际的考虑决定的。现在我们所期待的计算设备的根本变革将使这些"切实性"和"廉价性"的标准变得面目全非。必须强调的是,我们所期待的变革将具有双重性:某些东西会变得更容易得到,但是对它们值得做新的、进一步的强调,而这将会使某些别的东西更不容易得到。

因此,我们现有的、有限的信息似乎已经证明以下说法是正确的:一种以 10^4 为倍数的算术加速度将表明发展全新的计算方法是合理的,甚至是必需的。不仅速度方面的明显提高使得这种发展成为必需的,而且在我们(根据实际经验或根据合理性提出的计划)所知的每一种情形中,与手动装置相比,自动计算机在系统组织上差别极大。例如,在新机器中,高速存储数值和逻辑信息的器件十分有限。如果把"数"看成信息并且一个"数"在全部精度上相当于大约 10 位十进制数字的话,那么新的机电式(继电器)装置,如在哈佛大学、达尔戈兰校验场(美国海军军械局)的那些装置,或由贝尔电话公司建造的那些装置(美国陆军军械部阿伯丁校验场;国家航空咨询委员会兰利训练区),能够存储 100 到 150 个数。(电子)ENIAC 只能存储 20 个由 10 位十进制数字组成的数(这些估计并不包括所有机器所带的函数表)。我们正在设计的新的电子机器在同样的规模上应能存储几千个数。新机器的存储量(甚至上面提到的非常令人满意的那些)全都比一次冗长而复杂的计算使用的计算纸的存储量要小。因此,一个自动计算设施将会在算术运算方面有"较低的代价",而在数据存储、中间结果等方面有"较高的代价"。所以这种设施的"内部组织"非常不同于我们自高斯时代起就一直习惯的计算设施。因此,正如上面所提议的,我们将不得不发展新的计算方法,或者从更本质的方面讲,必须发展"切实性"和"优美性"的新标准。

实际上,我们目前在针对这些目标做着各种数学的和数学—逻辑的努力。我们认为,它们在以发展新的、非常高速的自动计算潜力为目的的任何周密计划中,是绝对必不可少的部分。但是根据上面所说的看法,无论我们沿这个方向进行合理的推断做何种尝试,都不可能在不久的将来完全讲清楚这个问题。

回到上面所提到的考察,我们来寻求一些衡量速度的标准。在算术过程中,线性运算(加法和减法)和乘法是最常见的。前者的平均频率通常与后者具有相同的数量级。事实上,前者出现的次数通常是后者的两到三倍,但所需的完成时间要少得多。因为从花费的时间看,乘法是主导运算,所以我们用"乘法速度"作为衡量速度的指标。不过,我们已经忽略了有关结果精确性的任何讨论。显然对于同样的装置,假如它们完全具有这种内在的灵活性,把乘法做到较多有效数字时要比做到较少有效数字时更慢。通常,乘法时间增加的速度与介于数字位数的一次幂和二次幂之间的某个数成比例。顺便说一下,对于大多数的数字装置或计算机器,数字位数在 6 和 10 之间,而对于模拟或测量装置,所达到的精度在 2 位数字和 4 位数字之间(上面提到的上界实际上很少达到)。

现在我们来讨论各种典型的数字装置的乘法时间。用手工但不借助机械在纸上做 5 位数字的"真正"乘法平均大概需要 1.5 分钟。因此做 10 位数字的乘法约需 5 分钟似乎并非一个不合理的估计。通常的台式乘法器做 10 位数字的乘法需要 10～15 秒。因此"真正"的手工计算与"修正"的手工计算之间一个合理的速度比是 300/10＝30。这个比率可能是不现实的,这有两个原因。首先,前者的步骤很快导致相当大的疲劳并伴随着速度减慢;其次,两者的计算模式需要相同的转移时间。即台式乘法器没有在计算者的纸上记录下乘法的结果。

标准的 IBM 乘法器做 8 位数字的乘法大约需要 7 秒,并把结果自动记录在一张可用于另一部分计算的卡片上。这样就去掉了与手工计算相伴随的转移时间。两种手工计算中的任何一种需要花费该乘法时间的 2～5 倍,而使用标准的 IBM 乘法器则把这一倍数减到 1～2 倍。(最近展示了一种新的使用真空管的 IBM 乘法器,在这方面的乘法时间大约是 15 毫秒。然而,在这个装置中,刻卡时间即转移时间仍然是每分钟 100 张卡,也就是 0.6 秒＝每张卡 40 个乘法时间。)

　　我们来考虑一些与其乘法速度有关的较新装置——更详尽的分析则推迟到本文最后。

　　哈佛大学的"Mark I"机器[由 IBM 和哈佛大学的艾肯构建于 1935—1942 年]做 11 位数字的乘法,用时 3 秒。而做 23 位数字的乘法,用时 4.5 秒。应用我们的速度原则,我们看到这代表了比台式乘法器和标准的 IBM 乘法器高出 5 倍的加速度。IBM 公司已经制造了一些实验性的机器。这些机器目前应用于弹道研究实验室(美国陆军军械部阿伯丁校验场),可在 0.2 到 0.6 秒内做出 6 位数字的乘法——比我们的标准提高了 9~27 倍的加速度。标准的 IBM 乘法器和"Mark I"机器都是由部分继电器和部分计数轮组成,而阿伯丁校验场的机器则完全是由继电器组成。

　　贝尔电话公司新近研发的一些继电器机器在做 7 位数字的乘法时用时 1 秒。但是由于一个称之为"浮动小数点"的特点,这些对于大多数目的而言相当于大约 9 位数字,并且有时相当于更多的位数,因此我们相信这些机器的速度比我们的标准提高了 10 倍。

　　哈佛大学的"Mark Ⅱ"机器(它刚由艾肯为达尔戈兰校验场建造完成)有可能进一步超越这一乘法速度。(它包括两个 0.75 秒、7 位数字乘法器,因而能达到一个约 0.4 秒的有效乘法速度。)对于使用机电式继电器的机器而言,进一步增加速度可能不会进一步产生出大于 2 或 3 的加速度倍数。

由莫尔电工学院(宾夕法尼亚大学)为弹道研究实验室(阿伯丁)建造的 ENIAC,是为显著提高计算机器的乘法速度而进行大胆尝试的一个代表。它的乘法时间是 10 位数字用时 3 毫秒,比我们最初的标准提高了 3 300 倍的加速度。然而,由于在存储和记录方面存在瓶颈, 3 300 这个倍数实际上几乎是不可能完全达到的。我们说这台装置的速度增加倍数在 500 到 1 500 之间可能是比较公允的。这是一台非常巨大的装置,包含大约 20 000 个常规类型的真空管,具有每秒100 千周的运转频率。

目前,在美国和其他国家有几个非常高速的、电子的、自动计算机器项目正在进行当中。大多数情况下,这些项目受到了各种政府机构的资助或扶持。

在这些项目中,有几个计算机器很可能会比 ENIAC 小许多,只用2 000 到 5 000 个常规类型的真空管并使用专门的存储设备,具有每秒 0.5 到 1 兆周的运转频率。对于大约10 位十进制数字的等价运算(有些将会是 30 到 40 位的二进制数字),它们的乘法时间似乎有可能达到 0.1 到 1 毫秒。这代表了比我们的最初标准高出 10^4 到 10^5 倍的加速度。要强调的是,如果采取合适的设计,这些机器应该能够充分发挥它们所达到的增加速度。当然,我们必须非常认真地对待

"合适的设计"这一假设。它必须包括对这样一些主要的问题类型进行完全彻底的数学和逻辑分析。对于这些问题来说,机器方法被认为是合适的,或者这些问题由于机器方法的不断应用而变得重要。

为了总结目前关于主要机器类型及其与总体速度之间的关系,我们评述如下:

如果人们打算对微波技术进行严肃认真的研究,那将有可能获得比上述速度更快的速度。不过,由于目前所考虑的机器将有可能给我们关于方法和这些机器用途的观念带来根本性的变革,所以,我们把有可能取得的更加渴望的进展稍做延迟也许会更好一些。

上面讨论的所有计算机器都属于**数字式**或**计数式机器**,即把实数处理成数字的集合。(这些数字通常是十进制的。在一两台新机器中,它们有可能是二进制的。原则上,其他数字系统也可以加以考虑。当然,任何非十进制系统都会产生与十进制系统之间的转换问题。然而,这个问题却可以用几种完全令人满意的方式来处理。)不过,还有另外一类重要的计算机器,这类机器是建立在本质上不同的原则基础上的。这类机器在先前已经被提到过,属于**模拟式**或**测量式机器**。在这些机器中,实数被表示成如一个不停地旋转的圆盘位置、电流的强度或电动势的电压等物理量。在此,我们除了估计在同样情形中它们与数字式机器的速度的比较外,对这种类型的机器不做进一步的讨论。

这种估计的正确性至少受到广泛多样的现有模拟装置的限制,它们使用大量的机械、电动及光电控制和放大方法来表达和结合量。并且,所有模拟式机器都具有一种专门化、单一用途的显著特征,因此,它们很难同上述多用途的数字式机器相比。的确,从各种领域的许多典型例子可以看出,在其他情况相同的条件下,单一用途的装置的乘法速度要比一般用途的装置的乘法速度快。因此,我们只能将那些也声称具有合理的、多用途特征的模拟式装置以一种适当的方式同我们感兴趣的多用途特征的、科学的数字式装置相比。

这促使我们来讨论著名的微分分析仪的几种不同变体。由于微分分析仪所能做的初等运算之特点,在尝试估计这种机器的乘法速度时,我们立刻遇到了一个严重的困难。它处理一个普通的、连续增加的独立变量函数并通过连续的积分过程将它们建立起来。这些函数之一可以是它们中其他两个的乘积,但通常具有如下的形式:

$$\int u dv + \int v du$$

因此我们不得不将处理某个典型问题时微分分析仪所用的实际时间与数字式装置所用的相应时间做比较。

这样的一个典型问题就是确定一条平均弹道。一台好的微分分析仪通常需要 10 到 20 分钟并以大约万分之五的精度来处理这个问题。在 ENIAC 上已经运行过弹道数据,大约需要 0.5 分钟。这相当于假定弹道上有 50 个点,而每个点处有 15 次乘法,这是非常现实的。ENIAC 的乘法时间是 3 毫秒,因此所需的 750 次乘法要花掉 2.25 秒,总的算术时间则低于 3 秒。另一方面,ENIAC 的 IBM 乘法器的卡片输出端每分钟能刻 100 张卡,每张卡最多容纳 8 组 10 位十进制数字。刻 50 张卡需要 0.5 分钟。因此在这一情形下,ENIAC 的运行完全被其低输出速度所控制。它的表现就好像其乘法速度比实际情况慢了 20 倍(60 毫秒)。不过微分分析仪做同样的 750 次乘法要用 10~20 分钟。对于大约 4 位十进制数字精度而言,这相当于 0.8~1.6 秒的乘法时间。在 10 位十进制数字水平上,这对应于约 4 秒。这使它在速度上与继电器机器同属一类。因为那些机器通常将其总时间的 1/4~1/2 花费在乘法上,所以认为等价的乘法时间是 1~2 秒也许更公平。因此我们可以评价说,微分分析仪在速度上一般相应于继电器机器,介于哈佛大学的"Mark I"和"Mark Ⅱ"机器或贝尔电话公司的机器之间的某个水平。

总之,我们可以说,以 10 秒钟做 10 位十进制数字乘法的台式乘法器的速度作为一个标准,那么对于机电式继电器机器而言的 30 倍,对于真空管机器而言的 10^4 到 10^5 倍,或许代表了这样的数量级,它们在未来的几年里对于各自的类别来说将是最佳的。对于模拟式机器进行合适的速度比较非常困难,但是 10 倍加速度的估计看来还是公平、合理的。

然而,在要结束这节时我们希望告诫读者,上面对于速度的估计仅仅是对全部解答时间所做的初步的、相当肤浅的评估。对于下面的问题,我们还没有做出评估:机器可以转移数的速度,逻辑控制运行的速度;为使机器按照完整制订的计划运行而建立其控制所需的时间;把一个数学问题转换成机器可以理解的一个步骤所需的时间;像出错或瘫痪这样的故障频率以及识别、定位和排除它们所需的平均时间。所有这些因素都是极其重要的,我们将尝试在下面对它们做更详尽的讨论。然而在目前,我们将以我们的粗糙估计作为对一些问题进行初步分析的标准,这些问题证明建造这些机器是正确的。

4.速度的数学意义

我们现在要通过是否存在科学上重要的问题的回答来证明我们正在努力获得的速度是合理的。为了给出此问题的部分回答,我们在这一节考虑几类问题并借助前一节中我们的标准对它们的解时间进行评估。读者需要注意的是,我们打算将这些时间估计仅仅解释成给出数量级。

上面考虑的弹道计算是简单的非线性、全微分方程系统的一个适当的典型例子。正如我们所看到的,它涉及约

750 次乘法。这允许计算全部的乘法时间。对于大多数数字式机器,必须要乘上一个 2 至 3 的倍数以获得该机器实际的计算时间(ENIAC 是一个相反的例外,见上)。如果使用全部重复的强力检验方法,也许还需要插入另外的倍数 2 以供检验。然而存在着花费不高的检验方法(利用各种阶数的"逐次差分"结果的"光滑性",利用适当的恒等式),而且机器可以成对儿运行并有可能用这种或其他方法建立起自动检验。因此,为把净乘法时间转换成惯常应用的总的机器计算时间,我们将使用平均倍数 3(ENIAC 除外,见上)。根据这些惯例,并且根据先前估计的乘法速度,我们现在将获得先前讨论的主要机器原型每单位弹道的计算时间。然而,我们必须强调,要给出的数字不应被认为极其精确地表达了相应装置的实际计算时间。它们仅仅是在非常粗略的意义上是正确的,而它们的主要意义是表明如果所有其他的倍数在某种合理的但却是平常的水平上被标准化了,那么该持续时间会是什么。

一旦理解了这些,我们就得到下列持续时间:

(1)人力标准(10 秒乘法时间):7 个人·时(无疑是太低了,在这种情况下,我们的倍数 3 肯定是不行的);

(2)哈佛大学的"Mark Ⅰ"机器(3 秒):2 小时;

(3)贝尔电话公司的继电器机器(1 秒):35 分钟;

(4)哈佛大学的"Mark Ⅱ"机器(0.4秒):15分钟(任何继电器机器都不可能有比这更高的整体速度);

(5)微分分析仪(见上面的内容);

(6)ENIAC:0.5分钟;

(7)高级电子机器,目前正在研发中(0.1~1毫秒):0.25~2.5秒。

现在清楚了,只要设计出这样一种弹道,那么即使最长的持续时间(7小时的"标准")也是不值得去减少的,因为要明确地表达问题,要决定和表述步骤,要为计算建立步骤并在以后分析结果,都需要大量的时间。然而,如果期望对于一个中等规模的勘测(以100条弹道为特征),高级继电器机器是合适的,它们可能需要为此工作大约24小时,但是没有必要求助电子设备。当需要进行特别巨大规模的勘测(10 000条弹道)时,显然需要一台电子机器:ENIAC在此情况下可能需要84小时=10.5个8小时工作班,而更先进的电子机器可能需要40分钟到7小时。

天文轨道计算在许多方面非常类似于弹道计算,但是所需的轨道点数目通常要大得多,而所需的轨道数目也会非常大。因此,在天文学中进行中等规模的勘测时,就会产生对电子设备的需求,或者对于一些像描绘月球几个世纪以来的轨迹这样巨大的问题更是如此。对于这样一个问题，假定要计算 600 000 个点（约对应于 200 年的每 3 个小时一个点）并非不合理，而且每个点仍然有大约 15 次乘法。这样总起来就大约有 10^7 次乘法，因此这相当于涉及了约 13 000 条弹道。

我们接下来考虑有关偏微分方程的情形。首先，我们考察两个变量的双曲型方程，x 表示距离，t 表示时间。通常把 x 轴 划分成 50 个子区间。于是时间轴必须是这样的：声波在 Δt 秒 内所走的路程不能超过 Δx。因此，这样一种波穿越 Δx 个区间 至少要花费 50 个 Δt 秒；而且一种波穿过这个区间多次（比方说四次）的问题也并非不同寻常。因此，我们有对于相应的约 10^4 个格点的差分方程，假定其每个点要做 10 次乘法应是合理的。对于一个特别简单的流体动力学问题，这会产生 10^5 次 乘法。因此，这个问题相应于大约 130 条弹道的计算。对于一个单个解，更先进的继电器机器是合适的，因为大约需要 32 小时，而目前正在研发的电子机器将把这一时间缩减为 0.5～5 分钟，这大概比人们认为值得花费的时间都短。另一方面，即使对于一个中等规模的勘测，比如，100 个解，电子机器所花费的时间则变成了 1～8 小时。也就是说，在此使用电子机器将被证明是合理的，甚至在它们的速度范围之内的差别也开始变得重要了。

解具有两个以上独立变量的双曲型方程将会大大推进流体动力学的发展，因为流体动力学的大多数问题涉及两个或三个空间变量和时间,即三个或四个独立变量。实际上,处理具有四个独立变量的双曲系统的可能性几乎构成了掌握流体动力学计算问题的最终一步。

对于这样的问题,格点的数目的增加将导致乘法次数的巨大增加。对于一个三变量问题考虑 10^6 到 5×10^6 次乘法,而对于一个四变量问题考虑 2.5×10^7 到 2.5×10^8 次乘法并非不合理的。因此,这些大致分别相当于 1 300 到 6 700 条弹道以及 33 000 到 330 000 条弹道的计算。于是我们清楚地看到,即使对于一个这样的问题,使用最先进的电子机器也是正确的。事实上,处理一个典型的三变量问题,在目前见到的最快的继电器机器上需要 330 到 1 700 小时,而在目前研发中的电子机器上则需 0.25 到 1.25 小时。(为了把问题简化,我们在这里用一个平均值代替高级电子设备的速度范围。因而我们选取每弹道 3/4 秒的几何平均值。)对于一个四变量问题,已有的那些装置即使求一个单个解也需要 6 到 62 小时。

四变量问题与最好的电子机器的关系大致和二变量问题与最好的继电器装置的关系相同。它们刚好能用这种方法解决,不过用的是一种笨拙的和费时的方法,即它们似乎将证明研发某些更快的东西是合理的。

由于抛物型方程大体上类似于双曲型方程,我们在此可以不做进一步的讨论。然而,椭圆型的情形有着本质的不同,因此,我们现在就来考虑它。我们假定有两个或更多的独立变量 $x, y, \cdots$ 而且借助网格点的格子,我们用一个联立方程组取代该系统。对于二维的情形,20×20 个网格点并不过分。因此我们应该预料到方程的个数 n 至少是 400 个。现在我们通常使用更小的 n 值,这是由我们目前计算方法的局限性所规定的。n 的正常大小至少是几百,因此人们希望得到允许 n 取这样的值的计算方法。

首先,我们注意到,从一个椭圆型方程导出的由 n 个 n 元线性方程联立组成的方程组比一般的 n 个 n 元方程的情形要简单。的确,在这个一般情形中,每个方程都依赖于所有的变量,而在源自一个椭圆型方程的差分组中,只有对应于给定点及其紧接的网格邻域的变量才出现。

处理这种方程组的通常方法是所谓的"松弛法"技术,它需要将该方程组的矩阵重复地应用到各种相继获得的所求解的向量近似值上。在把这种技术应用于具有 $n = 400$ 的一个方程组时,大约 20 次迭代应该是够了。因此假定 $n = 400$,每个方程有 5 个变量,即该 n 阶矩阵的每行有 5 项并需要 20 个相继的松弛步骤。这要计算大约 $400 \times 5 \times 20$ 项。当然,每项的乘法数可以从拉普拉斯(Laplace)方程的零到非线性椭圆型方程的极高数目不等。我们假定对于每一项需做 3 次乘法。于是这里涉及大约 120 000 次乘法。(我们熟悉的解所需的乘法数远低于这个数目,但人们不应被这一事实所误导。它们通常涉及非常简单的方程,如拉普拉斯方程,并且是由各种"独特的"技巧或捷径来处理的,这些方法不容易被机械化,可能对于复杂的非线性方程也不适用。)

再回过来说这 120 000 次乘法。我们看到这可以和一个二变量双曲型问题(约 100 000 次乘法)相比,并且可以和大约 130 条标准弹道的计算相比。因此我们先前的结论可以应用于这种情形。

与椭圆型方程的情形一样,我们可以考虑其他更复杂的问题,其中一些是非常重要的。考虑如下方程:

$$\frac{\partial}{\partial t}\Delta^2 \Psi = \frac{\partial}{\partial x}\Delta^2 \Psi \frac{\partial}{\partial y}\Psi - \frac{\partial}{\partial y}\Delta^2 \Psi \frac{\partial}{\partial x}\Psi + v\Delta^2\Delta^2 \Psi$$

它是非线性、四阶、部分椭圆型、部分抛物型的黏性、不可压缩的流体动力学方程,其中 v 是运动黏滞系数,Ψ 是流位势,Δ^2 是拉普拉斯算子。对于这个方程的直接数值求解,可以在不是很复杂的情形中用 2 500 个网格点且令人满意地做出;对于其"湍流"解的直接数值研究,将需要考虑非稳定解,即含有 t 的解。人们可能会要求大约 100 个相继的 t 值和更多的解。回想一下,我们期望的是既定的、有限大小的湍流之统计特性,而不仅仅是对湍流开始时的无穷小扰动的讨论,即关于层流的稳定性的讨论。

对这个方程的检查表明,它涉及大约 10^6 次乘法。于是,我们回到了先前所考虑情形的数量级。

现在我们把目光从微分方程移开而来探究积分方程的解。显然我们可以通过一个联立线性方程组来逼近一个积分方程,然而,这个联立线性方程组的矩阵有可能相当一般而与我们先前考虑的椭圆型方程的情形有所区别。当然,联立线性方程组也出现在应用数学的其他许多地方,例如,出现在自由度的数目非常大的多质点问题中,或出现在滤波和预报问题中。由于要求稳定性和精确性以及涉及巨大的乘法次数,解这样的方程组是一个非常重大的问题。例如,经典的消去技术涉及 $n^3/3$ 次乘法。于是,解一组有 50 个未知数的 50 个方程将类似于勘测大约 50 条弹道,因此,这在一台快速继电器机器的能力范围之内,而解一个 100×100 的方程组则显然超出了这样一台装置的能力范围。

与解线性方程有关的最重大问题之一是稳定性问题。在用于较大的 n 值之前,使用行列式[克莱姆(Cramer)公式]或消去法等经典的步骤,需要对其可应用性做非常全面的仔细考察。的确,在所有这些情形中,由于接下来的大因数乘法或小除数除法,存在相当可观的舍入误差累积的危险,也存在这种类型的误差放大的危险(它出现在这一过程的早期)。我们所称的不稳定性就是这种可能的放大过程。它可以通过事先并不容易评估的特殊预防措施,并通过控制舍入误差来避免。后者意味着维持较多的数字位数,有可能多于传统的 8 位或 10 位小数。这也许使工作变得出奇的麻烦和冗长。关于这一点,我们可以回想起数字位数的增加通常导致比成比例增加更多的乘法时间。以消去技术为核心的方法中的不稳定性的危险起因于这种情形呈现的误差累积和放大机制,我们对此已经暗示过了。(在完全实用的意义上,行列式方法具有与消去法相同的主要特征。)消去法的每一步骤都依赖于所有先前的步骤,在完成所有的消去步骤之后,按照相反的次序,变量也一个接一个地得到了,而每一个变量仍然依赖于它前面的一个变量。因此,整个过程本质上要经历 2^n 个相继的步骤,所有这些都是潜在放大的! 对于统计相关矩阵,霍特林(Hotelling)已经估计出一个误差有可能被以 4^n 的倍数放大。如果这个数量级一般来说确实是正确的,那么为了获得 d 位数字的解答,我们就需要在计算中使用 $0.6n + d$ 位数字。即使对于 $n \cong 20$ 和 $d = 4$,这也意味着从 16 位 数字开始。

实际上,如果不十分小心地或是在特别不利的情形中使用消去法,那么这一悲观的程度,或类似于这一数量级的某种东西就有可能被证明是正确的。最有利的情形由确定的矩阵(这些包括所谓的相关矩阵)组成。如果将消去法十分小心地用于确定的情形,或者以稍加改进的形式用于一般的情形,那么结果会更加有利。我们已经做出了一套适用于所有这些情形的严格理论。它表明了如下事项：首先，对于精度损失（上面指出的关于误差放大倍数）的实际估计并不仅仅依赖于 n，还依赖于该矩阵的绝对上限与绝对下限的比率 l。[l 是与该矩阵关联的线性变换导致的最大与最小向量长度扩张的比率。或者，等价地，是该变换将球体映射到其上的椭球体之最长轴与最短轴的比率。它似乎是表达因求所讨论的矩阵之逆，或解出现在其中的联立方程组而引起的困难的"优值（figure of merit）"。对于一个 n 阶"随机矩阵"，l 的预期值已经被证明大约是 n。]其次，如果适当地安排计算，那么对于确定的情形（无修正的消去法）来说，精度损失至多是 $n^2 l^2$ 阶，而在一般情形（修正的方法）中则至多是 $n^2 l^3$ 阶。[实际上，因子 n^2 是以严格的估计即对于任何可想象的舍入误差叠加的估计为基础的。如果这些误差被处理成随机量（这并非不合理），那么 n^2 实质上可以由 n 替代。我们在此将不这么做。]这意味着在整个计算过程中，为了获得一个有 d 位十进制数字的答案，我们实质上需要 $2\log_{10} n + 2\log_{10} l + d$ 位（确定情形）或 $2\log_{10} n + 3\log_{10} l + d$ 位（一般情形）十进制数字。对于 $n = 20$，$l = 50$，$d = 4$，这意味着 10 位（确定情形）或 12 位（一般情形）数字，而正像我们在上面注意到的，"未经加工的"消去法（假定霍特林的估计对这一情形成立）有可能需要多达 16 位数字。对于 $n = 100$，$l = 400$，$d = 4$，相应的数字是 13 位或 16 位，而原来的是 64 位数字。

这些考虑表明,对于很大的 n 值来说,"未经加工的"消去法很可能是完全不可靠的和不合适的。而且当 n 很大时,在" n 个 n 元方程"的问题中寻求新技术具有相当可观的价值。我们上面提到的"改进了的"或"加工过的"消去法,是这样一种新技术的一个例子,在随后的讨论中我们还将会提到一些其他方法。

我们的讨论仅涉及线性方程,当然,如果联立方程组不是线性的,那么这种情形甚至更加重要。

5. 对新技术的需求

以上就(线性的或一般的)联立方程组的解所做的评论,并不意味着存在一个固有的涉及函数反演的数学困难。相反,通常采取的技术并不完全适合这一目的。不稳定性现象造成极大的困难并使得寻求稳定的即不放大误差的技术(这对于非电子设备可能是极费力的)成为必需的。

在此,关于误差在计算中的作用和不可避免性做一简要介绍是合适的。我们有必要将误差区分几个不同的类别。

首先,存在实际的故障或错误,使该装置的功能与设计时所期望的功能有差别。它们对应于人类的错误,这在为机器计算系统所做的设计中和实际的人类计算中都存在。它们在机器计算中是完全不能避免的。我们关于所有类型的大规模自动机器的经验是,两个相继的严重错误之间的"平均自由路径"处于一天和几个星期之间。通过各种形式的自愿(特别设计的)或自动的检验,这一困难在人类计算和机器系统中都会遇到,而这对于设计和控制如我们正在分析的发展过程是至关重要的。然而,这并不是我们想要在此讨论的误差类型。

其次,接下来我们要考虑那些并非故障的误差,即那些与所期望的精确解的偏差。即使计算设备严格地按设计的程序运行,这种偏差也会产生。在这种情况下,有三种不同类型的误差需要讨论。

一种类型,也是我们目前正在进行的总列举中的第二种,是由物理问题或更一般地是由经验问题本身引起的,所输入的计算数据及方程(例如微分方程)也许只是作为近似才有效。所有这些输入(数据以及方程)的任何一种不确定性,将反映为结果的(有效性的)一种不确定性。这一误差的大小取决于输入误差的大小,还取决于用数学方式陈述该问题时的连续性程度的大小。从根本上说,这种类型的误差与任何研究的数学方法都关联,而并不是计算方法的独有特征。因此,我们在这里不再对它做进一步的讨论。

另一种类型,也是我们目前正在进行的总列举中的第三种,与数字计算的某个特定阶段有关。如求面积、微分方程和积分方程的积分法等连续过程,在数字计算中必须被替代成初等的算术运算,即必须用一系列单独的加法、减法、乘法和除法来逼近。这些近似值产生了与精确结果的偏差,称为**截断误差**。模拟装置在处理一维积分(求面积、全微分方程)时避免了截断误差,但却是以在其他方面的缺陷为代价的(见下),并且在多数有关的情形中根本避免不了(例如,微分分析仪正如数字装置一样,必须"不连续地"处理偏微分方程的一个维数)。然而无论如何,截断误差可以通过熟悉的数学方法(数值积分法的理论,差分方程和微分方程的理论等)来加以控制,而且它们通常(至少在复杂的计算中)并不是麻烦的主要来源。因而,我们在此也将放弃讨论它们。

这使我们关注最后一种类型,也是我们目前正在进行的总列举中的第四种。这种类型误差的产生是由于以下事实,即任何机器,无论它是如何建造的,实际上都不是以严格的数学意义来做算术运算的。重要的是要认识到,是否(作为其两个变量)参与加、减、乘、除的数正是严格的数学理论在此时所要求的那些数,还是它们仅仅作为这些数的近似,这一评价都是适用的。如果不考虑这一点,那么没有一台机器应该产生四个初等算术函数的运算,会真地全部产生出正确的结果,即和、差、积、商,而它们恰好对应于实际所使用的变量的那些值。在模拟式机器中,这一点适用于所有的运算,而这是由于用物理量代表变量以及用物理过程表示(算术,或任何其他用作基本运算的)运算这一事实,因此它们受到不可控的(就目前来讲,随机的)不确定因素以及任何物理工具所固有的波动的影响。(使用在通信工程和理论中流行的表达方式)也就是说,这些运算被机器的噪声所污染。在数字式机器中的原因更加微妙。任何这样的机器必须以确定个数的(比如说,十进制)数位进行计算,它也许较大,但却必须具有一个固定的有限值,比如说 n 。两个具有 n 位数字的数,其和与差也是一个严格意义上的 n 位数字的数,但是积和商则不是。(积一般具有 $2n$ 位数字,而商一般具有无穷多位。)因为该机器只能处理 n 位数字的数,所以它必须用 n 位数字的数取代这些数,即它必须用某些 n 位数字的数作为积或商,而它们并不是精确的积或商。因此,这在每个乘法和每个除法中引入了一个附加的额外项。在我们看来,这一项是不可控的(就这种情况,我们可以说它通常是随机的或非常接近于此)。换句话说,乘法和除法也被一个噪声项所污染。这当然是众所周知的舍入误差,但是我们宁愿从它在模拟式机器中显然的等价物的同样角度将其视为噪声。这也表明,数字装置同模拟装置相比的一个主要的类别优势在于:它们具有低得多的、的确要多低就有多低的**噪声水平**。现今没有任何模拟装置的噪声水平较 10^{-4} 更低,而已经进行的将噪声水平从 10^{-3} 降至 10^{-4} 的做法则非常困难,且代价昂贵。另一方面,一个 n 位十进制数字机器具有的噪声水平是

10^{-n},对于 n 从 8 到 10 的通常值来说,这个噪声水平是 10^{-8} 到 10^{-10}。当有充足的理由时,进一步地增加 n 是容易的,也是便宜的。(自然地要与 n 成比例地增加算术设备,因为这也与 n 成比例地延长了乘法时间。因此从 $n=10$ 变到 $n=11$,即从 10^{-10} 级噪声变到 10^{-11} 级噪声,都只增加了 10%,这确实是非常少的。考虑到增加数字位数的方法只是在靠增加乘法时间而不改变机器的情况下进行的,我们在下面还要对这些评论做进一步的比较。在这种情况下,这一持续时间本质上是与 n^2 成比例地增加的。)概括起来,人们甚至可以说数字计算模式被看成是目前已知的在计算方面减少(通信)噪声水平的最有效的方式。

我们以下将要考虑的就是**舍入误差**或**噪声**的来源。它不仅取决于所考虑的数学问题和用来解决它的近似方法,而且还依赖于所出现的算术步骤的实际次序。有足够的证据证实,在我们目前考虑的这种复杂计算中,这种误差来源是决定性的,也是主要的限制因素。

我们现在来考虑一个非常复杂的计算,其中舍入误差的累积和扩大威胁到阻止我们获得具有所期望的精确度的结果,或者任何有意义的结果。正如我们先前注意到的,最显而易见的对付这种情况的步骤将会涉及增加整个计算中要转移的数字位数。这样做应该没有什么内在的困难。比如说,一台为 p 位十进制数字而建的适当灵活的数字式机器,应

该能够将 q 位数字的数处理成 $\{q/p\}$ 个 p 位数字复合体的集合（$\{x\}$ 表示大于等于 x 的最小整数），即处理成 p 位数字的数。乘法时间通常以大约 $\frac{1}{2}\{q/p\}(\{q/p\}+1)$ 的倍数增加（正如以前注意到的，因为较大的 q/p 实质上与 q^2 成比例）。

让我们考察一下这段话的含义。假定在解具有 n 个未知数的 n 个方程的情形中，为了获得一个适当的精确解，我们需要转移大约 q 位数字，而且我们可以支配一台处理 10 位数字的数并产生一个 20 位数字乘积的机器。现在我们需要比先前多出 $\{q/10\}$ 位的数字。这需要完成 $\frac{1}{2}\{q/10\}(\{q/10\}+1)\sim q^2/200$ 次乘积。因此，上面提到的求解时间增加了 $q^2/200$ 倍。于是消去法需要 $q^2n^3/600$ 次乘法。现在考虑一个 $n\sim$ 400 的问题。正如我们先前所指出的，这种情况可能出现在相当简单的椭圆偏微分方程（尽管在这种情形存在着某些简化的情况）或积分方程（这种情形非常接近于一般情形）中。期望 $l\sim n\sim$ 400 并非不合理的。为保险起见，选取 $n\sim 400$，$l\sim 10\,000$。如果我们决定使用"未加工过的"消去法，那么霍特林的已被引用的估计要求 $q\sim 240$（结果中所要求的数字位数 d 几乎是不相关的）。如果我们决定使用"改进的"消去法，那么我们较早的估计（当 $d=4$ 时）需要 $q\sim 21$。因此，在第一种情况下，我们有 6×10^9 次乘法。在第二种情况下，有 4×10^7 次乘法。所以，最快的电子机器（0.3 毫秒乘法器)为了沿这样的路线产生一个解答,将分别需要1 500 小时(大约190 个 8 小时轮班)或 10 小时。应该补充的是,使用目前正在开发的机器,这些持续时间将不得不由于一些并非次要的因素而延长,因为必须处理的数值材料(一个 400 阶矩阵有 160 000 个元素!)将在目前可及的任何存储系统(内存)中产生困难。

当然,所有这些估计都比我们在先前的场合中所做的估计还要缺乏可信度。不过它们应该足以表明,对于较大的 n 来说,"未经加工的"消去法很可能是完全不切实际的,甚至"改进的"方法也有可能相当笨拙。

在许多情形中,更好的解线性或是非线性方程的方法,都是通过返回到各种各样的逐次逼近法找到的,即便这些方法可能乍看起来需要相当多的乘法。关键在于,它们本质上是稳定的,并且由于这一原因,它们对于数字精确性的要求可能没有什么特别之处。

在这些迭代程序中,我们只提及两个。首先,所谓的松弛法[1]是相当重要的。一般来说,这些方法用一个($n+1$)维空间中的相伴曲面代替给定的系统,并且对于沿着该曲面从任意一个起点向保证满足原问题的最小点的移动给出了一

[1]　G. Temple, Proc. Roy. Soc. , 1939,Vol. 169, p. 476-500.

个确定的步骤。最速下降法是这些方法中的一个,它对于机器计算来说是容易程序化的,而且非常强大。在沿该曲面从一个点开始的行进中,这种技术使得运动朝着梯度的方向,并且在数量上是最优的。它需要重复地将矩阵 $\boldsymbol{A}$ 应用于向量 $\boldsymbol{\xi}$。然而,一般地要预先说出为了达到给定的精度需要多少次迭代是不可能的,而这个问题甚至在许多重要的特殊情形中也是非常微妙的一个。

我们最近修改了霍特林的一个方案,得到了一个程序,它具有在每一步骤都有一个已知精度的优点。而且,它对于其逆给出了一个初步的估计。

我们再举一个例子来说明在解数值问题时对于新技术的需求,以结束这些讨论。假设期望找到一个给定的厄米特矩阵 $\boldsymbol{A} = (a_{ij})$ 的特征值。如果将其视为一个纯粹数学中的问题,人们可能会即刻列出特征方程

$$f(x) = x^n + a_1 x^{n-1} + \cdots + a_n = 0$$

朝着这一方向的一个合理的进行方式将是首先对于 $k = 1$,2,$\cdots$,n(矩阵的阶数)做出量 $t_k = \mathrm{trace}(\boldsymbol{A}^k)$,接着**依次解**方程

$$t_k + a_1 t_{k-1} + a_2 t_{k-2} + \cdots + a_{k-1} t_1 + k a_k = 0$$

其中 $k = 1$,2,$\cdots$,n,求出特征方程的系数 a_1,a_2,$\cdots$,a_n。于是将十分容易地并且比较精确地得出想要的系数。然而,关于这一方案存在着两个与此有关的困难:第一,切比雪夫

证明了存在首项系数为 1,在区间 $[-1, 1]$ 上的最大值是 2^{-n+1} 的 n 次多项式。因此,如果我们的系数不是被确定到至少 $n-1$ 位二进制数字,那么特征方程就有可能显现为恒等于零。从而对于 $n = 100$,我们需要至少 30 位十进制数字的精度。第二,机器不会真正产生迹 t_k,而只是其前 m 个数字组成的一个数,也就是说,是 t_k 的前 m 个数字。如果

$$1 \geqslant \lambda_1 \geqslant \lambda_2 \geqslant \cdots \geqslant \lambda_n$$

是适当的值,那么显然,当 k 变大时,t_k 趋向 $r\lambda_1^k$,其中 r 是 λ_1 的重数。[我们说 t_k 实际上是所有 $\lambda_i (i = 1, 2, \cdots, n)$ 的 k 次幂之和]。因此,许多 t_k 的值几乎无一例外地将包含有关 λ_1 的信息。

限于篇幅,对于现行技术或可能的新步骤常见不足的其他说明,我们将不做进一步的讨论。然而,在结束本节之际,我们说非常快速的电子设备具有使得很多不同的新颖迭代方案切实可行所需的速度,而这样的方法是极其重要的,因为它们在很大程度上避免了稳定性问题。

6.影响速度的其他因素

我们先前的所有估计(除了应用于 ENIAC 情形的修正外)都只基于乘法速度,而忽略了许多其他的重要限制,例如转移速度、逻辑控制速度、存储能力、输入和输出速度、"提出"一个问题的难度等。现在我们就去考察这些其他因素的

作用。然而,应该注意的是,如果这些其他因素与乘法速度处于适当的平衡,那么求解时间就像到目前为止我们所做的讨论那样,可以视为乘法时间的一个适当倍数。

为了进行讨论,我们将区分一台数字计算机的下列器件:存储器,即该机器用来存储数据的部分;算术器,即在其中执行某些常见的算术过程的部分;逻辑控制器,即理解操作员的要求并使其得以执行的机械装置;输入—输出器,即该机器和外部世界之间的中介物。我们打算在下面几节更加详细地描述这些器件的功能和相互关系,因为它们与我们的基本问题有关。

7. 输入—输出器

我们以讨论这个器件作为开始。这里特别要指出,因为对于一个非常高速的装置最平常的反对意见是,即使它的最高速度能够达到,但以相应的速度引入数据和得出(打印)结果也是不可能的。而且,即使结果能以这样一种速度打印,也没人能在合理的时间内阅读它们、理解(或解释)它们。毫无疑问,这一反对意见尤其是它的后半部分的真实性是存在的,因为它指出在计算过程的末尾存在着一个缓慢的机械过程,而随后则是人感知、理解和解释这些结果的一个更缓慢的过程。然而,通过对机器及其功能的智能设计,这一反对意见的有效性可以从根本上受到制约,以至于成为完全不相关的。我们现在就从输出开始来分析这种情形。

我们首先考虑现有的非真空管型的机器。这些机器具有如此之低的运算速度，以致打印时间仅仅构成了对求解时间的一种微不足道的增加。下面考虑一个例子，对一个标准的 80 列 IBM 卡片打孔或者打印它的内容所需的时间大约是 0.6 秒。这规定了 8 组全额(10 位十进制)数字的数，即每个全额数需要 75 毫秒的打孔或打印时间。由于通常不可能去组织结果，以便多于 3 或 4 个数字能被记录在一起，因此分配给每个数字大约 0.2 秒的记录时间更加现实。我们现在对这个速度和往标准纸带上打孔的速度进行比较。这样做是困难的，因为标准的 IBM 卡片打孔机或打印机在全部 80 列上并行地进行操作，而大多数纸带打孔机只能在纸带上的一条横线同时打 5 到 10 个孔。假设每一条横线上有 5 个孔，我们差不多能用一条线表示一位十进制数字。因此一个 10 位十进制数字的数大约需要 10 条横线。以这些纸带通常的速度计每个数需要大约 0.5 秒。通过对设备的重新设计，这一速度很可能会提高，而并行地使用几台设备则速度肯定会减少。另一方面，这些卡片和纸带方案被用于乘法时间为 7 秒到 0.4 秒的机器，因而记录时间相比于乘法时间要短。

和这些速度形成对照，ENIAC 具有标准的 IBM 卡片打孔记录时间，我们估计为 0.2 秒。以此速度，一次乘法时间是 3 毫秒。因此，一个全额数的平均记录时间相当于做 70 次乘法的时间。这对于大多数的问题来说显然是严重的失衡。因此,在一台电子机器中决定是否实际上需要记录任何特定的数是非常重要的。

在目前的实践中,记录数据的主要原因如下:

(1) 一个数之所以被打印是因为它表示用户想要知道并解释的一个最终结果。对于用户考虑与随后的运算有关的问题,它也是需要的。

(2) 为了检验一条曲线的"光滑度"而打印一个数,通常它表示一个中间结果。这对于机器或者程序本身来说是一种最常用的误差检验方法。打印出的数据往往被描绘成图。

(3) 为了监控计算过程并对基于较早结果计算的后期阶段进行判断,也可以进行对于中间数据的打印和随后可能的作图,如上述(2)。

(4) 将一个数打孔是因为它表示机器在计算的后期阶段所需的一个结果。这是存储器,并且等同于一个记忆器官的功能。

对于这四项我们做出以下评论:

意见(1):这一类型的记录在所有机器中都是必需的。幸运的是它并不很严格,因为那些打算供人类直接使用的最后计算结果通常是适中的,例如,解一个方程组的最后结果是一个向量。我们会在后面对这一点做更全面的讨论。

意见(2):这种类型在传统意义上是不应被记录的。作为替代,我们建议用某种自动绘图装置,例如一台示波器来处理它。通常,光滑性检验需要一个或多个相继的数据差分。这应由该机器(用它内部的数字,算术器)作为其例行程序的部分进行处理,接着示波器应投射出所期望次数的差分函数。为了产生所期望的差分,虽然可能需要原来的函数,但那是在数字式机器的内部进行处理的。差分本身只需用几个百分数的精度来绘图,以便用户观察和估计。这完全没有超出通常示波装置的能力范围。预期的机器将具有轻而易举地处理这种程序的逻辑灵活性。

意见(3):如果操作员事先知道计算过程中可以贯彻的所有可能的方案,以及当计算进行时选择这些方案的精确数学标准,那么他就因此而能向机器发出指令。于是机器将自动地处理这些事情。另一方面,如果他不能有意识地提出这种无歧义的、详尽的公式化表述,而是希望随着计算的进行运用他的直觉判断,他也能处理那些方案。当计算进行时,可以通过示波器的绘图指示机器连续地或按顺序离散地向他提供该情形的相关特征。于是他可以在他认为合适时进行干预。

因而这一复合情形所要求的不会比上面(2)中讨论的步骤更差。

意见(4):如同早先所说的那样,这不完全是一种打印操作,而是一个存储问题。它应该由适当的存储装置而不是通过打印来处理。我们将在后面讨论它。

因此,我们看到只有(1)完全是一个记录问题。其他的情形要么需要一个新的输出装置——一个短暂响应的示波器上的荧光屏,要么属于别的地方,即在机器的存储器中。

我们回过头来考虑情形(1)。用户想得到的是一张包含其最终结果的打印纸,而不是某种像穿孔卡片、纸带的媒介。然而,设想计算机本身如何能够产生这样的记录而它自己后来又能在计算中感知和重新利用它们并不容易。作为替代,我们宁愿考虑两种永久输出形式。第一种输出形式对于机器本身以及打字(或打印)的机械装置来说是"可理解的",而第二种输出形式对于人来说是可理解的。打字(或打印)装置形成了两种记录方式之间的纽带。在下面我们讨论存储器时将会看到,计算机应能读出它本身的输出,这是相当重要的。

正如前面所描述的,使用500~1 000每信道每秒的速度读出或记录由10位十进制数字组成的磁线或磁带(使用一个单一信道,我们能将打卡速度或带速增加到原来的200倍),

在一台真正高速的装置中,我们能执行(1)的第一部分功能。使用多信道磁带可以得到更快的速度。因此,计算机本身能以完全与其乘法时间相比的速度读和写:读出或记录一个全额数 ~ 5 个乘法时间。很难想象出一个问题足够复杂到值得由一台精致、自动的计算机去处理,而它并不需要以至少这一数量级的乘法时间引入或产生每个数。

因而实际提供给人类用户的数据将包括示波器上的图像,这是用户能很快理解而且使他确信他的计算过程,以及很少的(也许至多几百个)数,这正是他想要分析和解释的。这后面的结果能以一种完全可以和人在一台或多台自动控制的打字机上读出它们的能力相比的速度产生出来,打字机则是为自动检测和打印磁性记录中我们想要的那部分而设置的。把用户所给的输入信息转换成机器"可理解的"一种形式,即记录在磁线或磁带上,将需要类似的装置。

关于最后一点,值得注意的是对于一个特定的新问题的准备常常不需要非常复杂的努力。新的电子机器正在设计中,以使当补充某个问题的特定参数时,它们能理解一般的指令。(例如,插值,求矩阵的逆,积分全微分方程组或偏微分方程组,解隐式方程等指令能够事先被制作出来,并在以后仅仅靠从某个"程序库"中进行挑选和把适当的磁带和磁线引入机器中,以及通过进一步引入数据和额外指令或与特殊情形有关的方程而将它们用于特定的问题。)因此,一旦一个给定的问题类的逻辑指令已经被翻译成机器所需的形式，一个特殊的问题将只需要一定数量的额外数据和指令。因此产生(设计、表述和打印)这些所需的时间应是合理的，而且无论如何，在机器中的实际引入是以磁带或磁线的高速度来进行的。

8.存储器

在讨论计算装置的这个方面时，我们发现首先列出完全自动的机器所需的主要存储类型是比较方便的。

(1) 在进行一个(算术的或逻辑的)运算时，通常需要存储涉及的量，例如乘数、被乘数和它们形成的部分乘积。

(2) 在一个计算过程中常常需要存储中间结果，不久以后它们将被用于下一阶段的计算中，例如，在对一个轨道的逐步积分中，可以保存质点在 t 时刻的位置和速度，为的是进行 $t + \Delta t$ 时刻的计算。注意对偏微分方程来说，这一个过程可能会变得相当冗长。

(3) 计算的中间结果也可能在未来一个相当长的时间(时间的长短取决于机器的速度)内才被用到，并且可能会如此冗长以至于上述(2)所述意义上所提供的存储不堪重负。当人们把两个高阶(比如 $n \geqslant 30$)矩阵乘在一起时，或者当人们对相当复杂的双曲或椭圆系统积分时，这种情况很可能会产生,因为在前一情形中,解在一点处的性状将影响到一个扩充的楔形区域,而在后者,将影响到所有其他的点。

(4) 对于许多问题来说,为了定义该问题需要大量的初始数据,例如偏微分方程的边界条件。

(5) 任意函数常常起着必不可少的作用,因此必须存储在机器中。这样的函数可能要么是解析定义的,例如 $\ln x$,e^x,$\sin x$,$\arcsin x$,等等;要么来源于经验,例如高压条件下,非理想气体或液体或固体的状态方程,或是抛射体的拖曳函数。

(6) 最后,必须将逻辑指令以某种形式赋予机器,也就是机器必须以某种方式被"操纵"来做我们期望的特定例行事务。

现在我们来看看在现有的机器中每组的工作是如何被处理的,然后再去展开我们自己的想法,也就是我们希望如何处理它们。因此,我们的讨论安排成对上面的(1)到(6)的评论。

意见(1):事实上借助所谓的"计数器"或"寄存器",所有的装置都在算术器中为此预做了安排。这种单元或者是轮子的集合体,其中每个轮子通过相对于一个固定位置的位置表示一位十进制数字的值;或者是机电式继电器的集合体,其中每个继电器的开闭状态表示一位二进制数字的值,或一组继电器(通常是 4 或 5 个)开闭的状态表示一个十进制数字的值;或者是真空管或闸流管(充气的、栅控管子)的集合体,它们可以结合起来(在前一种情形往往是成对的)形成"触发器",它是继电器的电子等价物。目前的机器通常在它们的算术部件中使用几个这样的寄存器。

意见(2):在此现有的装置仍使用寄存器和计数器。对哈佛大学、IBM 和贝尔电话公司的机器来说,有 100 到150 个这样的单元用来存储。对 ENIAC 来说,有 20 个这样的单元,每个都是真空管"触发器"的大集合体。从每位二进制数字本质上需要一个继电器或一对真空管(在 ENIAC 中,每位十进制数字需要 10 对真空管)的事实可以看出,这种形式的存储很快就变得相当昂贵,因此在下面的意见(3)中使用这种单元是行不通的。

意见(3):为了获得关于这种中间结果所需容量的一个大致概念,我们来考虑几个例子。正如我们早先看到的,对于一个具有两个变量 x, t 的双曲型方程,每个 t 可能要求 50 个点 x。我们也可以希望在每个格点记录 2~4 个数。这样肯定需要 100~200 个数。如果我们把方程的维度增加 1,则 t 的一个值就可能和 50^2 个点(x, y)相关联,而我们可能需要在每点存储 4~5 个数字,以供在下一个 t 值使用。这就已经在存储器中装了 10^4 个数。如果再增加第三个维度,我

们很容易就达到了 5×10^5 个数的要求。我们可以继续检查其他的问题,如积分方程、椭圆方程或联立方程组(所有这些的性状都很相像),但并不准备这样做,我们只是注意到大约一百万个字的容量并非完全是不合理的。

现有的机器对于需要几百个数据的问题来说是有些不便使用的,因为没有一台机器的寄存器容量超过 150 个数。然而它们都拥有一个辅助存储器,具有磁带或穿孔卡片的形式并在以后的时间可以反馈。这种外部存储器对于非电子机器是足够的,我们也不必为先前的时间估计而烦恼。[不过,应该加上一句,对于贝尔电话公司最新的继电器机器来说,磁带速度可能与该装置的其他部分不相匹配(太慢了)。]不管怎样,在 ENIAC 的情形中,它的确造成了严重的失衡,而且是我们调低对其"有效"乘法速度的估计的原因之一。

意见(4):这实际上归入意见(3)和(5)。

意见(5):在现有机器中用来存储固定函数的方法随着机器的不同而千差万别。标准 IBM 机器是读取存储在穿孔卡片上的函数数据,而继电器机器既有永久连接的供存储常用函数的继电器组,也有穿孔带。ENIAC 则有接线组,即所谓的"函数表",它可以预置想要的数值,并且随后能够以电子速度读出,每个全额数用时 0.2 毫秒。

意见(6):我们在这里再次看到了现有机器之间的差别。

标准 IBM 机器配有插接板以建立例行程序。它们也可以通过打在卡片上的孔甚至通过人(例如,转移堆栈)来控制。哈佛大学、IBM 或贝尔电话公司的机器都是由打在几条磁带上的指令控制的,而且可以根据需要,命令它们从一条磁带转换到另一条。它们通常被称为"主程序"和"子程序"磁带。

ENIAC 是通过手工调整与其电子开关器结合的开关和插头来控制的。近来[我们已经在意见(5)中提到的]ENIAC 的"函数表"正越来越多地被用于存储实际上相当于逻辑指令的数据,而不是起初打算存储的数(函数)。

关于这一点,应当注意逻辑指令像函数表一样,因为它们是在问题的开始被设置的。对于这种指令的详尽分析表明,在目前正在开发的电子机器中,一个命令大约需要一个数那样多的数字位数,因此十分复杂的程序可以借助几百条指令得到。我们不会详尽地分析这个问题,而只是说明一个 1 000 个字左右的命令存储暂时来看似乎是关于目标的一个合理的界定。

现在我们就转向在一台新的高速机器中如何能够处理这些组以及这对于在该装置中的问题的整体解的时间有什么影响这一问题。

因为一台计算机的算术部分只需涉及非常少的(比如说三个)寄存器或计数器,所以我们对于上面处理(1)的方式提不出任何显著的更改。关于(2)到(6),显然唯一的真正区别在于每个范畴所需的容量不同。在讨论了第(6)项之后,我们再回过来对这一点做进一步的分析。

正是由于它的本质特点,一台通用计算机只具有很少的永久接通的控制连接。除了某些主要的通信渠道外,这些固定的连接通常足以保证该设备能进行某些更普通的算术过程,如加法、减法、乘法,还可能有除法或开方。就一个给定的问题来说,建立和改变执行程序所需的连接平衡正是控制器和与其相联系的存储器的功能。如我们在上面的(6)中看到的,现有装置主要采取两种方法来建立这些连接。我们将它们分类如下:(a) 建立所有事先连接的方法,如 ENIAC 所例示的;(b) 在需要时建立连接的方法,为此所需的指令被存储在某个器件如一条纸带上。

我们注意到后一种方法有很大的优点:一个不确定大的指令集能被执行。而对于前者,只有有限的数能够在任何一台完全自动运行的机器中被执行。方案(a) 具有需要大量的建立时间的额外缺点,因为必须要建立物理连接——在 ENIAC 的情形中,这相当于 8 个人·时的数量级。当然,这一特征大大降低了装置的灵活性,而且也降低了我们估计短问题的解时间的方法的有效性,这就是说一个 5 分钟内可以在 ENIAC 上解决的问题却可能要用掉 8 小时。在我们看来,方案(a)的第三个缺点是需要数量庞大的真空管,而这往往花费巨大。这是因为常常有大量的磁线可以直通一个特定的终端,而每次只有其中的一个被激发,因此在引入非线性元件时,必须把一行与另一行隔开。然而方案(a)有一个很大的优点就是一旦建立起了连接,程序指令就能以电子速度进行下去——顺便说一下,这也是它为什么会被 ENIAC 采用的原因之一。

我们想把方案(a)和方案(b)的优点结合起来,为此要在方案(b)中做一个重要的修改。

显然,指令以适当的编码形式在磁带上存储和数字信息的存储没什么不同。因此,照这样,它能以完全一样的方式来处理,参看(2)到(5)。

回想一下我们较早的评论,即对于目前面临的问题的复杂度来说,大约 1 000 条指令是一个合理的上限。概括起来,我们发现情形(2)到(6)是完全类似的并且至多是在所需存储器的数量上不同。然而,在情形(1)中,对于算术和控制单元的需求使得它最好有大约三个带触发器特征的寄存器。我们希望把情形(2)到(6)看成一样的,并且有一个公共的存储器来处理它们,使得各个组之间没有区别。

然而,在这一点上产生了一个工程问题,它使得要以电子速度达到非常大的存储容量变得困难。因此我们允许形成我们的存储器的存储单元具有一个层级结构这种可能性。

特别地,我们可能不得已要用这种方式来处理(3)。在继续朝这个方向深入下去之前,让我们估计一下进入和离开存储器所需的速度。

在做一个乘法时,人们往往要进行 3 或 4 次相关的加法或减法或比较,因此至少要给出 4～5 条命令并且至少要转移许多的数——假定一条命令连同它的转移仅指定一次基本运算。于是,我们发现与每个乘法相关联的至少有4～5条命令和4～5 次数的转移。然而,因为我们约定在存储数的同一个地方存储命令,我们可以说每个乘法需要大约 10 次转移——注意到没有时间被允许来执行命令。如果转移时间不是主要的速度因素,那么实现 10 次转移的时间必须和乘法时间具有相同的数量级。因为我们希望达到一个 10^{-4} 秒的乘法速度,那么转移时间大约是 10^{-5} 秒。

如果要达到这样的转移速度,那么存储器必须有一个非常快的响应。因而我们在一开始就被迫排除穿孔卡片或磁带技术而去考虑以电子速度响应的器件。然而,我们也必须回想一下我们的第一条标准,它确定了扩展容量的需要。这后一点排除了如使用触发器这样的常规解决办法。总之,我们需要一个具有几千个字容量的非常快的存储器。非常快意味着转移速度(输入和输出,以及擦除)应该处在大约每字 10^{-5} 秒的电子量程内。所谓一个字是指二进制数字的集合体,它要么表示一个(关于一个算术或逻辑运算及其相关转移)简单命令,要么表示一个(具有大约 10 位十进制数字或其等价物的精确度)全额数。我们的经验是这样:一个字在两者中任一种情形都需要大约 40 位二进制数字。至于容量,我们已经看到单就逻辑目的而言需要大约 1 000 个字。为了弥补这一点,对于数来说,需要许多或者更多一些的字是合理的。较早提到的数量级为 10^6 个字的数字存储器,将不得不由存储层次结构中的下一个器件,即被一个较慢的存储器来处理。在下面我们将更深入地讨论后者。然而,就最快的电子速度的存储器而言,我们看到令人满意的容量是具有几千个字,每个字由大约 40 位二进制数字组成。

具有刚刚描述的特征的最有希望的装置是一种阴极射线型电视显像管,其中荧光屏被一种电介质板代替。众所周知,这种显像管能够以所需的速度工作,而且确实具有较大的存储空间。事实上,现有的电视显像管、光电摄像管和它的各种后继物可以线性扫描大约 450 行。因此,将约 450 行中的一部分的线性分辨率归因于它们似乎是合理的,这种分辨率至少名义上对应于 $450^2 \approx 10^5$ 点的存储容量。然而,对于用现有技术可以达到的存储容量的估计,就我们的目的而言,肯定是高得不切实际,因为对电视关于一个给定点的身份的要求不如我们要求的那样苛刻。美国研究实验室的无线电通信公司正在研制一种称为选数管的特殊的电子管,人们期待着它具有所要求的特征。虽然该装置尚未完成,但它还是显示出了在计算元器件领域取得最富成果、最不寻常的进步之一的一切可能的希望。附带说一下，每个这样的电子管将存储 $64^2 = 4\ 096 = 2^{12}$ 位二进制数字。

使用大约 40 个这种选数管将有可能提供完全能满足上面所有的组所要求的存储容量，或许(3)要除外，在这一情形中众多的中间结果需要在一个(从机器的角度讲)相对遥远的时间之前存储。我们已经认清，这要求存储层次中的第二级，也就是要求一个慢(比电子的慢，即比大约每字 10^{-5} 秒慢)但有较大容量的存储器。为了确定第二级在我们的存储层次中的特征，我们来探究进一步的速度要求。实际上所有大规模的计算都可以分解成一个接一个大的子计算，例如在矩阵乘法中，可以通过相继复合子矩阵来进行。因此，我们可以用辅助存储器作为一个临时的数据仓库并在适当的时间把一个区段中的这些数据反馈进主要的高速存储器。因此，我们需要对一个仅使用主存储器的计算将要消耗的时间作一个非常粗略的估计。我们假设在快速的主存储器中有大约 3 000 个字可供使用，它们目前应该用于中间结果，并且我们至少用每个数据进行两次乘法，即在我们需要用辅助存储器补充主存储器之前进行至少 6 000 次乘法。这个积数将需要大约 5 秒。(我们再次假定每次乘法需要 0.3 毫秒并且超出净乘法时间的一个余因子是 3。)因此，我们能够允许一个相当的时间周期从辅助存储器引入新数据。

较早时讨论的磁线或磁带有可能以每秒 500～1 000 个字,即每字 1～2 毫秒的速度运行,只采用一个信道,并且它们能被做成具有不定的长度。因此,即便只有一个信道,它们也满足我们对于辅助存储器的要求。对于在这个存储器中"寻找"一个想要的字还存在着其他的考虑,但这却需要若干个信道。我们将不对这些同辅助存储器有关的方面进行研究。然而,从主存储器的角度看,它们也是十分重要的,对此我们将做简要的讨论。

在从存储器"读"出一个字时,实际耗费的时间不仅牵涉到读(感知),而且还包括在存储器中的特定位置处"寻找"它所需的时间。在把一个字"写"入存储器时,同样实际耗费的时间不仅牵涉到写,而且还包括在存储器中"寻找"想要存放它的特定位置所需的时间。[显然要被读出的数(或指令)必须要在存储器中的一个确定位置处被找到。要被写入,即被存储的数必须被置于存储器中一个确定的、可能是不合适的位置,这也许是由于绝对不可抗拒的原因造成的:其他更合适的位置也许没有,即它们可能都被那些仍需要的数占用着,因而不能为了给要存储的新数提供位置而将这些数擦除。或者也许是在那个特定空间的存储适用于计算的总体计划,从而避免了专门记录所讨论的特定之数正被存放在何处的额外负担。]我们称第一次提到的(实际读或写的)持续时间为**网转移时间**,称第二次提到的(寻找读或写位置的)持续时间为**转移等待时间**。除非我们事先知道要在一个固定的线性次序中使用存储器,否则转移等待时间正如网转移时间一样是至关重要的。

阴极射线管或最新的锥光偏振仪或选数管类型的存储装置的主要优点之一就是它们依靠偏转或截断或通过一个非常快的电子束来"寻找"一个特定位置。所以它们的转移等待时间和它们的网转移时间具有相同的数量级。另一方面,必须按确定的线性次序扫描磁线或磁带。在其上寻找一个位置涉及对它进行机械地移动,而这一操作的速度可能由于机械地加速和减速磁带或磁线而受到限制,因此它的转移等待时间通常比它的网转移时间长很多。有各种各样其他的、在别的方面非常诱人的电子的或部分电子的存储装置有这种缺点。

当然这些缺点很难杜绝。而且(对于我们,就辅助存储器所思考的主要功能:更新主存储器来说)对前者的简单线性扫描在许多重要的情形中(但不是在所有的情形中!)是足够的。最后,这些长等待时间的装置常常适合于多信道(平行)安排,这也许会大大改进这种情形。然而,对于那些从工程角度看具有长等待时间的存储装置,这种缺陷似乎无法完全去除,至少用我们现有的技术是做不到的。

9. 问题的编码

我们已经说明了在一台高速机器上引入或提取数据所花的时间不是一个控制的参数,也说明了或许有可能建造一种存储器,它的容量足以满足我们目前的需要,它的高速使得转移时间不再对乘法时间起决定性影响,并且它的逻辑控制能以同样快的某种方式实现。那么,剩下的就是来评论经常出现的反对高速计算机的最后一项理由:即对这样一台机器来说,编码和建立问题的时间是优先考虑的事情。

确实,在目前的机器中用于问题编码的时间与求解时间相当,而且必须尽一切努力去简化问题的编码。事实是一个在几秒钟内可以解决的问题却不能在几秒钟内来编程。在一台设计精良的机器中必须有预先的规定,使得在一次操作中不是单个问题而是整类问题都能借此来编码。因此我们应该考虑,比如预先制定求一个希尔伯特-施密特型积分方程的特征值的一般指令。于是,当一个特定问题的要点摆在我们面前时,我们只是对该要点的精确描述进行编码并把它添加到我们先前明确表述的程序中。同样的评论当然也适用于其他的问题类,例如求矩阵的逆、解微分方程组等。因此一般来说,在某个预备的组织阶段后,花在编码上的时间将包括识别问题所属的领域,从事先准备的程序库中选择适当的控制磁线或磁带,以及明确表述给定问题的特质所需的时间。随着时间的推移,新的问题将会出现,而这些连同我们对于旧问题的新认识还将要求我们对新的一般程序给出明确的表述。不过,这些只是科学进步中的通常负担,并不是机器方法的缺陷。

然而,这种论点并没有穷尽使我们觉得程序编码问题无须也不应该成为一个主要困难的理由。如果我们对于依靠额外因素来加快处理目前所关心的问题的时间感兴趣的话,那么编码的时间的确是个严峻的问题。然而我们的目的是探索此前靠常规工具根本不可能得到的全新途径。在这项任务上,我们将花费几小时、几天,甚至几个星期的计算时间来得出解。因此,以假定几秒钟的解时间为根据的反对意见是相当不切实际的。

我们并不希望给读者留下这种错误印象即我们没有认识到编码问题的严重性。事实上我们已经就这个问题做过仔细的分析并且我们已经从中得出了编码问题能以一种非常令人满意的方式来处理的结论。

除了一组能被机器理解的相当灵活、一般的基本命令外,编码员还需要某些另外的东西:为理解和表达一个特定问题所需的有效而明晰的逻辑术语或符号体系,而不管它们在该问题的整体和部分中是如何涉及的;以及一种将该问题(在它被逻辑地重新表述并且我们弄清楚它的全部细节时)翻译成编码的简单而可靠的步进方法。

　　在此之前,这些要求并未得到满足,这给编码员造成一个极其沉重的负担,他们要付出艰辛的努力,用机器术语来理解、评估和重新表述一个用常规数学术语提出的问题。这对于涉及大批多重归纳的计算步骤而言是尤其突出的,在那里如果必须要做到完全明确,那么数学家通常使用的逻辑机器就会呈现出笨重、复杂的形状。

　　现在我们将试图对以下问题给出一个较为清晰和完整的概念:对于我们已经概述过的机器的编码涉及哪些内容?对于实际的编码工作而言,什么适合我们的步骤? 为此,我们必须更加详细地考虑控制器。令人满意的做法是这样来构成控制,使得一般来讲它以一种线性的方式扫描存储器的区域,也就是它从存储器中的位置 0 开始,在执行了 y 处的指令后前进到 $y + 1$。如果控制在一切情形中都必须按这种方式来进行,那么类似归纳定义或迭代过程这样的步骤,对于每个涉及的指标值就必须被重写。在许多重要的情形中,实际上,只是在大多数有关的情形中,这将需要比目前我们所掌握的任何存储装置能提供的存储空间大得多的空间来存储这些指令。此外,涉及可供选择步骤的程序,尤其当可选项是由计算过程中出现的事件所决定时,将会造成即使不是难以逾越也是很大的编码障碍。而后一范畴包括各种重要的可变长度的归纳,因此也包括逐次逼近步骤。所有这一切显然与简单、有效的编码的任何合理原则相冲突,是全然不可接受的。

由于这些原因,我们引入一种**转移命令**,它能使控制从其所处的位置被移动到存储空间中我们希望的其他任何一点。我们区分出两种类型的转移指令。第一,**无条件转移**,例如,它在任何情形中都产生转移,其中机器无须判断它是否应对该控制进行转移;第二,**条件转移**,只有当某个(算术)判据被满足时,它才产生转移。为这一判据选择所讨论的时刻在算术器中占据一个确定位置的数的非负性是方便的。(应该注意无条件转移逻辑上并不独立于条件转移;事实上,它可以从后者的编程中产生出来,但由于其出现的如此频繁,因此我们发现把它当成一个明确的指令是方便的。)

我们也要引入用于在算术寄存器和存储器之间转移数据的命令以及用于执行一类算术过程,如+,-,×,÷的命令。因为后面的这些过程是二元函数,所以似乎有必要使涉及这些运算的每个命令标引两个存储位置。表示储存结果的存储位置时,还需增加第三个标引。然而,我们宁愿不把所有的命令都"冻结"来进行三个存储位置的标引,因为一个算术运算的结果成为参与下一个运算的变量之一,这很可能不是例外而是规则。因此强行将其作为一种"结果"存入存储器而只是在其后不得不马上将它作为一个"变量"取出来,将是耗费时间的"多余动作"。为了避免这种情况,我们将命令进一步细分,从而使其更加灵活。特别地,我们将**算术命**

令读作:"取存储器中的位置 x 的内容,并将此刻存储在算术器的某个部分的数加上,或减去,或乘以,或除以它;当运算完成时,将结果留在形成它的算术器中。"为此我们必须要加上**处理命令**,它读作:"取此刻在算术寄存器的某个部分中的数,将其移至存储器中的位置 x 。"

按照这种方式,所有的命令仅标引存储器中的一个位置 x 。(有少数的例外,根本不包含这种标引,但我们不必在此讨论它们。)这种安排的影响是一个40位二进制数字组成的字差不多一半就能承载一个命令。因此我们打算让一个全额(40位二进制数字)字要么包含一个全额数[40位二进制数字——这恰好等价于12位十进制数字,但我们将使用(左边)第一个二进制数字来表示该记号],要么包含两个(20位二进制数字)命令。

应该补充的是将算术器中的一个数 a 送入存储器(比如说送入存储位置 y)存在着两种方式。我们要么想在放置整个40位二进制数字的数 a 时让它占据 y 处的整个空间,要么 y 处可能有两个命令,而我们可能只想用 a 的部分替换这两个命令之一中的存储位置 x 。由于我们打算将$4\,096=2^{12}$看成12位二进制数字的数,因此它将需要 a 的12位数字,比如说(靠右的)最后12位数字。鉴于这种可能性,我们也可以称处理命令为**替换命令**。第一次使用(移动 a 的40位二进制数字)是**全替换**,第二次使用(移动 a 的12位二进制数字)是部

分替换,根据在 y 处的第一个或第二个命令是否被修改,称部分替换是**左的**或**右的**。

还应补充的是对于一种灵活的编码来说,这一自动替换成命令的技术,即机器(在其命令中的其他命令控制下)修改它自身命令的能力绝对是必需的。因此,如果存储器的一部分被用作"函数表",那么对于在计算过程中所得的变量的一个值要"查找"那个函数的一个值,就要求该机器本身应该进行修改。确切地说,在控制这一"查找"的命令中形成对存储器的标引,而机器只能在它计算出问题中的变量之值以后才进行这一修改。

另一方面,我们必须把机器修改其自身命令的这种能力看成是使编码成为重要操作的任务之一。因此无论从哪方面看,这都是一件至关重要的事情。

（程钊译）

数学家[①]

讨论智力活动的本质在任何领域里都是一项困难的任务,即使是在像数学这样离我们共同的人类智力活动中心区域并不太远的领域里也不例外。讨论任何智力活动的性质本质上都是困难的——至少比仅仅练习该智力活动困难。理解飞机的机械装置及其提升和推进的力学理论,比只是乘坐它、靠它升高和运输,甚至比驾驶它都更难。一个人在以一种直觉和经验的方式消化吸收一个作用过程之前,不需要预先通过操作和使用来深入熟悉就能理解它,那是罕见的。

因此,除非事先假定对该领域已有一个轻松的常规了解,否则对任何领域中的智力活动进行任何讨论都是困难的。在数学中,如果想要把讨论保持在非数学的层面,那么这种限制将是非常严格的。此时,这种讨论必将显示出某些非常糟糕的特征;对于所给出的论点根本不能适当地证明,而整个讨论也不可避免地流于肤浅。

---

① 原题为 The Mathematician,发表于 1947 年。本文译自:A. H. Taub（ed.）, Collected Works of John von Neumann. Pergamon Press,1961,Vol. I ,p. 1-9.

　　我非常清楚自己要讲的话里的这些缺点,并为此先向大家道歉。另外,我将要表达的某些观点,其他许多数学家可能不完全赞同——你们听到的是本人不太系统的感想和阐释,而且对于判断这些观点是否中肯,我也不能给你们多少帮助。

　　然而,尽管存在这些障碍,我也必须承认尝试跟你们谈论数学中智力活动的本质是一项有趣而且富有挑战性的任务。我只希望自己不会败得太惨。

　　在我看来,关于数学最独特的事实是它与自然科学,或者更一般地,与不只限于在纯粹描述层面上解释经验的任何一门科学的特殊关系。

　　大部分数学家和其他人会同意数学不是一门经验科学,或者至少它的练习方式在几个决定性的方面不同于经验科学技巧的练习。然而,它的发展与自然科学密切相关。它的主要分支之一——几何学,实际上是作为一门自然的经验科学开始的。现代数学的某些最好的灵感(我认为是最好的一些)无疑来自自然科学。数学方法渗透并统治着自然科学的"理论"分支。在现代经验科学中,是否已变得容易使用数学方法或者接近数学的物理方法已经越来越成为衡量这门科学是否成功的一个重要标准。事实上,在自然科学中贯穿着一条由"假晶现象"构成的、所有环节都指向数学、并且几乎等同于科学进步的概念本身的连续不断的链条,这一点已经越来越明显了。生物学日益被化学和物理学渗透,化学日益被实验物理学和理论物理学渗透,而物理学日益被理论物理高度数学化的形式所渗透。①

在数学的本质中存在着一种非常特殊的二重性。人们必须认识、接受这种二重性,并将它吸收到关于这门学科的思考中来。这种二重性就是数学的本来面目,而且我不相信有可能不牺牲其精华而得到任何简化的、一元论的观点。

因此,我不打算呈现给你们一种一元化的观点。我将尽最大努力尝试描述数学本身所具有的复杂现象。

不可否认,在数学中人们所能想象的最纯的纯数学部分,一些好的灵感来源于自然科学。我们将列举两个最不朽的事实。

第一个例子当然应该是几何学。几何学是古代数学的主要部分。现在,几何学与它的几个分支一起仍然是现代数学的重要组成部分。毋庸置疑,几何学在古代起源于实际经验,而它开始成为一门学科的过程,与今天的理论物理学没有什么不同。除了其他所有证据之外,"几何学"这一名称本身也表明了这一点②。欧几里得的公设化处理标志着几何学

① Pseudomorphosis,译为假晶现象、伪形或假蜕变,原为矿物学名词,指一种岩石的熔岩注入他种岩石的缝隙和空洞中,以致造成了一种混生的"假晶",即貌似乙种的岩石,实际包裹的却是甲种岩石。——译者注

② "几何学"(Geometry)一词的希腊文 γεωμετρια 意即"测地"。——译者注

与经验主义分离的伟大一步,但是要支持这种观点,说这就是造成几何学与经验完全分离的决定性的最后一步则并非那么简单。在这方面,欧几里得的公理化在一些细枝末节上的确不符合绝对的公理严密性的现代要求,这还是次要的。更为本质的是:其他那些无疑属于经验科学的学科,比如力学和热力学,常常或多或少地以公设化的处理给出,而在某些作者的介绍中这种处理简直难以与欧几里得的程序相区别。我们这个时代理论物理学的经典著作——牛顿的《原理》,无论是某些最关键部分的精髓还是行文风格都与欧几里得的《原本》非常类似。当然,在所有这些例子中,公设化表述的背后都有支持那些公设的物理学见解和佐证那些定理的实验证据。但是人们也可以辩称,也有可能对欧几里得几何学做类似的解释,尤其是根据几何学取得长达两千年的稳定和权威之前的古代的观点。几何学的这种权威性在现代理论物理学的大厦里依然是明显缺乏的。

而且,自欧几里得以来,几何学的非经验化虽已逐步发展,却从未变得十分完善,甚至到了现代也还是这样。非欧几何的讨论为这一点提供了很好的例证。它也提供了数学思想矛盾冲突的一个例证。该讨论大部分在高度抽象的层面上进行,它涉及欧几里得"第五公设"究竟是否能由其他公设得到这样的纯逻辑问题,而其形式上的冲突被 F. 克莱因(F. Klein)的纯数学例子消除了。克莱因的例子说明了如何能通过在形式上重新定义某些基本概念而使一片欧氏平面成为非欧平面。然而,经验的刺激自始至终都是存在的。在欧几里得的所有公设中,为什么只有第五公设被质疑? 很显然,主要原因是由于在这里而且只有在这里才涉及整个平面概念的非经验性质。抛开数学逻辑方面的所有分析,至少在某种重要的意义上,也许必须以经验来决定赞成或者反对欧几里得几何学,这种想法在最伟大的数学家高斯(Gauss)的头脑中肯定是存在的。在波约(Bolyai)、罗巴切夫斯基(Lobatschefski)、黎曼和克莱因得到更加抽象的、我们今天认为是原始争论的正式解答之后,经验或者更确切地说物理学,却拥有最后的决定权。广义相对论的发现也迫使我们在崭新的背景下,随着纯数学重点的全新分布修正我们关于几何关系的看法。最后,距离完成与以前的情况大不相同的如画美景还差一点儿。最后这一步发展是在现代数理逻辑学家手里完成的,它与欧几里得公理方法的完全非经验化和抽象化发生在同一时代。而这两种看似矛盾的观念,在一个数学思想中完全相容①,希尔伯特对公理化几何学和广义相对论都做出了重要贡献。

　　第二个例子是微积分,或者更确切地说,是在微积分基

---

　　① 指欧氏几何与非欧几何统一在希尔伯特的公理化几何学中。与欧几里得不同,希尔伯特还要求他的公理满足完备性、独立性和相容性这三个逻辑要求。希尔伯特公理化几何的代表作是《几何基础》。庞加莱称希尔伯特开创了几何学史的第三个阶段。——译者注

础上形成的全部分析学。微积分是现代数学的第一个成就，而且怎样评价它的重要性都不会过高。我认为，微积分比其他任何事物都更清楚地表明了现代数学的发端；而且，作为其逻辑发展的数学分析体系仍然构成了精密思维中伟大的技术进展。

微积分明显地来源于经验。开普勒(Kepler)在积分学方面的最早尝试是测量酒桶容积，也就是表面为曲面的物体体积的"量积术"。"量积术"是几何学，但它是后欧几里得的，并且在当时那个时代是非公理化的经验几何学。对于这一点，开普勒是完全清楚的。牛顿和莱布尼茨(Leibnitz)的那些重要的努力和重要的发现有着明确的物理学起源。牛顿发明"流数"运算本来是为了力学的目的——实际上，微积分与力学这两门学科多少是被牛顿一起发展起来的。关于微积分的最早的系统论述甚至在数学上并不严格。在牛顿之后的一百五十多年里，唯一有的只是一个不精确的、半物理的描述！然而，与这种不精确的、数学上不充分的背景形成对照的是，数学分析中某些最重要的进展却发生在这段时期！这一时期数学上的一些领军人物，例如欧拉，在学术上显然并不严密；而其他人，总的来说与高斯或雅可比(Jacobi)差不多。当时数学分析发展的混乱与模糊无以复加，并且它与经验的关系也不符合我们今天的(或者欧几里得的)抽象与严密的概念。但是，没有哪一位数学家会把它排除在数学发展

的历史长卷之外,这一时期产生的数学是曾经有过的第一流
的数学!而且甚至在严密性的统治地位基本上由柯西
(Cauchy)重新建立起来之后,半物理学方法又随着黎曼的登
场而异乎寻常地故态复萌了。正如黎曼与魏尔斯特拉斯之
间的争论一样,黎曼的科学个性本身就是数学二重性最鲜明
的例证,但如果我深入具体细节,那就会涉及太多的技术问
题。魏尔斯特拉斯之后,数学分析似乎已经完全成为抽象、
严密和非经验的了。但就连这一点也并非绝对正确的。最
近六十年发生的关于逻辑和数学"基础"的争论消除了这方
面的许多错觉。

这就引出了与我的论断有关的第三个例子。不过,这个
例子与其说是处理数学与自然科学的关系,还不如说是处理
数学与哲学或认识论的关系。它以一种非常惊人的方式说
明,"绝对的"数学严密性这一概念并不是不可变的。严密性
概念的可变性表明,除了数学抽象之外,某些其他的东西必
须进入数学的结构。在分析关于"基础"的争论时,我未能使
自己确信,结论必须有利于这个外加成分的经验性质。至少
对讨论的某些方面来说,支持这种解释的情形是相当有力
的。但我并不认为它绝对无法反驳。无论如何,有两件事情
是清楚的。首先,某种非数学的、多少与经验科学或哲学有
关联的或者与两者都有关联的事物,的确在本质上进入了数
学的结构,而且只有假定哲学(或者更明确地说认识论)能够

独立存在于经验之外,才能保持它的非经验本质。(而且这个假定只是必要的,但它本身并不是充分的。)其次,无论对"基础"争论的最佳解释是什么,像我们前面给出的两个例子(几何学与微积分)一样的实例强有力地支持了数学的经验来源。

正如前面提到的,在分析数学严密性概念的可变性时,我想把重点放在关于"基础"的争论上。不过,我想先简单地谈谈这件事情的一个次要方面。这个方面同样加强了我的论据,但我确实把它看作第二位的,因为与对"基础"争论的分析相比,也许它的结论性不那么强。我指的是数学"风格"的变化。众所周知,数学证明的书写风格经历了相当大的波动。称之为波动比称之为趋势更合适,因为在某些方面,当代的作者与 18 世纪或 19 世纪一些作者之间的差别,比当代的作者与欧几里得之间的差别更大;而在其他方面又存在着显著的一致性。在存在差别的场合,他们的差别主要是表达方面的,而这不必引进任何新的思想就可以消除。但是在许多情形,这些差别如此之大以至于人们开始怀疑:采用如此大相径庭的方式"描述问题"的作者们,是否已经能按风格、趣味和教育上的不同区分开了呢?对于什么是数学的严密性,他们究竟是否真有相同的想法呢?最后,在极端的情形(例如前面提到的 18 世纪后期分析方面的大部分工作里)差别是实质性的,而且如果要全部补救,只有借助于花了一百年时间发展起来的新的深奥理论才能做到。有些以在我们看来如此不严格的方式进行工作的数学家(或者他们同时代的、批评他们的某些人)已经清楚地意识到他们缺乏严密性。或者更客观地说,他们自己对于数学程序应该是什么样的要求比他们的行为更符合我们现在的观点。但其他人——例如近代最伟大的学者欧拉——则似乎千真万确地按照自己的标准行事,并且十分满足于他们自己的标准。

但是我不想再深谈这件事了。我要转而谈另外一件完全清楚的案例,这就是关于"数学基础"的争论。在 19 世纪末和 20 世纪初,抽象数学的一门新分支——康托尔的集合论——引出了麻烦。这就是,某些推理导出了矛盾;而且尽管这些推理不在集合论的核心和"有用"部分中,也总是容易凭借某些形式准则辨认出来,但不清楚为什么要认为它们的集合论特征比这一理论的"成功"部分要少一些。撇开它们确实引起了灾难这种事后的认识不谈,人们并不清楚到底是一种什么样的先验动机,其中有什么一致性的哲学,会允许人们将这些推理从他们想要挽救的集合论的那些部分中分离出去。关于这件事情的是非曲直的更周密的研究主要是由罗素和外尔着手进行、而由布劳威尔结束的。他们的研究表明,不仅集合论而且大多数现代数学中使用"普适性"和"存在性"的方式,在哲学上是不合适的。布劳威尔制订了一个摆脱这些令人不快的特性的数学体系——"直觉主义"。

在这个体系中,集合论的困难与矛盾不再出现了。但是,现代数学里——并且是在它的最重要的、直到当时还没有人怀疑过的部分中,尤其是在分析中——足足有百分之五十的内容受到了这种"清洗"的影响:它们或者变成无效的了,或者必须用极为复杂的辅助考虑来证明。而且在这后一过程中,通常会明显丧失演绎推理的优美和普适性。但是布劳威尔和外尔认为根据这些思想修正数学严密性的概念是必要的。

怎样评价这些事件的意义都不会过高。在 20 世纪的第三个十年中,两位数学家——他们都是头等重要的数学家,而且都无比深刻和充分地意识到了数学是什么,或者数学的目的是什么,或者数学是关于什么的——竟然提出必须改造数学严密性以及精确证明由什么构成的概念! 此后的发展也同样值得注意。

(1)只有少数数学家愿意为了自己日常应用的目的接受苛刻的新标准。尽管有很多数学家承认初看起来外尔和布劳威尔是正确的,但他们自己却继续违反直觉主义的原则,也就是说,他们仍然采用旧的、"容易的"方式进行自己的数学研究——可能是希望别人或许能在某个时候找到对直觉主义的批评的抗辩,从而后验地证明他们这样做是正确的。

(2)希尔伯特提出下列巧妙的想法为"古典"数学(直觉主义以前的数学)辩解:即使在直觉主义系统中,也有可能严格论证古典数学是如何运转的,也就是说,虽然不能证明古典系统工作的正确性,但能说明古典系统是如何工作的。因此,也许有可能直观地证明古典途径绝不会导致矛盾、导致彼此的冲突。很清楚,这样一个证明会非常困难,但有某些迹象提示该如何进行这种尝试。假使这个方案行得通,它可能已经在与直觉主义系统对立的基础上给出了古典数学正确性的最出色的证明! 至少,在大多数数学家乐于接受的数学哲学体系中,这种解释可能已经是合理的了。

(3)在试图贯彻这一方案大约十年之后,哥德尔(Gödel)做出了一个最了不起的结果。如果不使用一些条款并为防止误解做些说明,就不能绝对精确地叙述这个结果;而要在这里系统阐述这些条款和附加说明又过于专门了。不管怎样,它的基本意思是这样的:如果一个数学系统是无矛盾的,那么该系统无矛盾这一事实是不能由这个系统本身来论证的①。哥德尔的证明满足了数学严密性最严格的标准直觉主义的标准。它对希尔伯特方案的影响是引起了一些争议,但其中的原因在这里谈又太专门了。我个人和其他许多人的共同看法是,哥德尔已经说明了希尔伯特的方案实质上毫无

---

① 这个结果通常称为"哥德尔第二不完全性定理",它与"哥德尔第一不完全性定理"合称"哥德尔不完全性定理"。"哥德尔第一不完全性定理"是说:任何一个数学系统如果是相容(无矛盾)的,则在该系统中一定存在一个不可判定的命题,即存在某一命题 A 使 A 与 A 的否定在该系统中皆不可证。——译者注

希望。

(4)按照希尔伯特或者布劳威尔和外尔的意思证明古典数学合理性的主要希望已经消逝,但大多数数学家决定无论如何还是要使用这个系统。毕竟,古典数学正产生着既优美又实用的结果,而且,即使人们再也不能绝对相信它的可靠性,但它至少是建立在如同电子的存在一样坚实的基础上的。因此,如果一个人愿意承认科学,那他就会同样承认古典数学系统。结果表明,甚至连直觉主义系统的某些早期代表人物都能接受这种观点了。现在,关于"基础"的争论当然并没有结束,不过似乎除了极少数几个人之外古典系统绝不会被任何人抛弃。

我之所以这么详细地谈这场争论,是因为我觉得它对于太想当然地认为数学严密性固定不变是最好的警告。这件事就发生在我们的有生之年,而且我也知道我自己在这一事件中如何令人惭愧地轻易改变了自己关于绝对数学真理的观点,并且如何接连改变了三次!

我希望上述三个例子能很充分地说明我的一半主题,即许多最美妙的数学灵感来源于经验,而且很难相信会有绝对的、一成不变的、脱离所有人类经验的数学严密性概念。我试着在这件事情上采取一种非常浅陋的态度。任何人无论在这方面可能抱有什么样的哲学或者认识论的偏好,数学界对于其研究课题的实际经验都不支持存在先验的数学严密性概念这一假定。然而，我的主题还有另外一半，我现在就要转入这一部分。

任何数学家都很难相信数学是纯粹的经验科学或者所有的数学思想都来源于经验科学。首先我来考虑这句话的后半部分。在现代数学中，有许多重要部分的经验起源都难以追查，或者即使可以查明也如此遥远，以至于显然该课题脱离了它的经验之源后又经历了彻底的变形。代数学的符号体系是为了数学本身的使用而发明的，但也可以合情合理地断定它有牢固的经验纽带。然而，现代"抽象"代数学已经越来越朝着甚至与经验更少关联的方向发展。拓扑学的情况也是如此。在所有这些领域里，数学家对于成功、对于他的努力是否值得的主观标准是非常自足的和美学的，并且不受(或者几乎不受)经验的影响。(关于这一点，我要再往下多说几句。)这一点在集合论中更加清楚。一个无穷集合的"势"和"序"，可以看成是有穷数中概念的推广，但在其无穷形式中，它们(尤其是"势")与现实世界几乎没有任何关系。如果不想避免太过专门性，我本可以引证集合论的大量例子，如"选择公理"问题，无穷"势"的"可比较性"，"连续统问题"，等等，来说明这一点。这些评论也同样适用于实变函数论和实点集理论的许多内容。微分几何与群论给出了两个奇特的例子。这两门学科无疑被认为是抽象的非应用学科，并且也几乎一直是被数学家以这种态度培育着的。但结果表明,原来它们在物理学中都是非常有用的——其中一个是在它创立十年之后,另一个则是在它创立一个世纪之后。而数学家却仍然主要以前面所指出的抽象和非应用的精神继续发展着这两门学科。

所有这些情况以及它们各种形式的结合的事例层出不穷,但我还是宁愿转到我在前面指出的第一点:数学是一门经验科学吗?或者更准确地说:数学的实践方式是否确实与经验科学的实践方式相同?或者更一般地说:数学家与其研究课题的正常关系是什么?他关于成功和值得的标准是什么?什么样的影响,什么样的考虑支配和指引着他的努力?

那么,就让我们看一看,数学家的正常工作方式究竟在哪些方面不同于自然科学的工作模式。当我们从理论学科过渡到实验学科、再由实验学科过渡到描述学科时,以这些自然科学为一方,以数学为另一方,它们之间的差别一直存在并且明显增加。因此,让我们把数学与最接近它的类别理论学科进行比较。我们先在其中找出一门最接近数学的学科来。如果我未能控制住对数学的骄傲并说:这门学科就是理论物理学,因为它是全部理论科学中发展程度最高的一门科学,我希望你们不要太严厉地责怪我。数学和理论物理学实际上有很多共同之处。正如我前面已经指出的,欧几里得几何体系是古典力学公理化表示的样板,而且类似的处理方法既支配了麦克斯韦(Maxwell)电动力学体系以及狭义相对论的某些方面,也支配了唯象热力学(phenomenological thermodynamics)。此外,理论物理学并不解释现象,而只是进行分类和建立联系,这种观念今天已经被大多数理论物理学家所接受。这就意味着,判定这样一种理论成功与否的标准不过是看它是否能够通过简单优美的分类、关联方案涵盖大量如果没有这个方案就显得复杂和混乱的现象,以及这个方案是否甚至还涵盖了在得到这个方案时尚未考虑或者根本不知道的那些现象。(当然,后面这两点显示了理论的统一和预见能力。)正如这里所阐明的,现在这种标准显然在很大程度上具有一种美学的性质。由于这个原因,它非常类似于数学的成功标准,而正如你们将要看到的,后者几乎完全是美学的。因此,我们现在要把数学与跟它最接近的经验科学,即我希望我已经说明过的、与数学有许多相似之处的理论物理学进行比较了。尽管如此,这两门学科的实际执行程序仍然有很大和很根本的差别。理论物理学的目标基本上来自"外部",多数情况下来自实验物理学的需要。它们几乎总是起因于解决某种困难的需要,而其预见性和统一性方面的成就通常是后来才出现的。如果允许我们做一个比喻的话,那么各种进展(预见和统一)都是在探索的过程中得到的,而在此之前一定有过一场为克服先前存在的某些困难(通常是现存体系中一个明显的矛盾)而进行的战斗。理论物理学家的一部分工作就是寻找这些有可能取得"突破"的障碍。正如我提到过的,这些困难通常来源于实验,但有时是公认主流理论不同部分之间的矛盾。当然,这方面的例子有很多。

导致狭义相对论的迈克耳逊(Michelson)实验,导致量子力学的某些电离势和某些光谱结构方面的困难,是第一种情况的例证;导致广义相对论的牛顿引力理论与狭义相对论之间的冲突,是更稀少的第二种情况的例证。总之,理论物理学的问题是客观上提出来的;虽然我前面已经指出,衡量研究工作是否成功的标准主要是美学的,但前面称之为独创性"突破"的问题的另一部分,则是不容怀疑的客观事实。相应地,几乎在任何时候,理论物理学的课题都是高度集中的;几乎在任何时候,所有理论物理学家的大部分努力都集中在不超过一两个界限非常明确的领域里——20世纪20年代和20世纪30年代初的量子理论,20世纪30年代中期以来的基本粒子和原子核结构,都是这方面的例子。

数学的情况则完全不同。数学分成了许多在特点、风格、目的和影响等方面都大不相同的分支。这表明数学与极端集中的理论物理学恰好相反。一个好的理论物理学家今天仍然可以掌握他的学科中一半以上正在使用的知识。但我怀疑现在在世的数学家中有谁能与其研究学科中四分之一以上的知识有联系。当数学的一个分支已经发展得相当深入之后，如果它深深地陷入某种困境，那就有可能出现"客观上"提出的"重要"问题。但即使在那时，数学家对于研究该问题或者放弃它转向别的问题基本上也是自由的；然而，理论物理学中的"重要"问题，通常是"必须"解决的一个冲突，一个矛盾。数学家有大量领域可供选择，对于在这些领域中做些什么也享有很大的自由。我们来谈谈决定性的要点：我认为，数学家选择课题和判断成功的标准主要是美学的这种说法是正确的。我知道这个断言会引起争议，并且如果不分析大量具体和专门的事例就不可能"证明"或者充分证实它。但这又需要做高度专门化的讨论，而现在不是进行这种讨论的适当场合。只要断定美学特征在数学中比在上述理论物理学的例子中更加突出就足够了。人们希望一个数学定理或者数学理论，不仅能用简单优美的方法对大量根据推测完全不同的个别情况加以描述并进行分类，而且它的"建筑"和组织结构也是"优美"的。叙述问题、把握和处理该问题的所有尝试中所遇到的巨大困难，以及使该研究或该研究的某个部分变得容易起来的某些意想不到的转折，等等，都是轻松惬意的。另外，如果推演冗长或者复杂的话，那就应该引入某种简单的一般原理，用以"解释"各种复杂和曲折的情况，把明显的随意性简化为几条简单的指导原则，等等。这些标准显然就是评判任何创造性艺术的标准，某些潜在的、经验的、世俗的主题在那种背景——往往是非常遥远的背景——下的存在性,由于审美的发展而过度发展并陷入大量扑朔迷离的变化之中——所有这些,都更类似于单纯的艺术氛围,而不是经验科学的氛围。

你们会注意到,我甚至没有提到数学与实验科学或者描述科学的比较。在这里,方法以及整个氛围的差别太明显了。

虽然经验和数学思想之间的关系图有时又长又模糊,但我想数学思想来源于经验这一点是比较接近事实真相的——真相太复杂了,对它除了说接近不能说别的。但是,数学思想一旦这样被构想出来,这门学科就开始经历它本身所特有的生命,而且把它比作一门创造性的、几乎完全被审美动机支配的学科,比把它比作其他任何事物尤其是经验科学要更好一些。然而,我认为还有另外一个要点需要强调。当一门数学学科远离其经验本源的时候,或者更进一步,如果它是仅仅间接地受到来自"现实"的思想启发的第二代和第三代学科,那么它就会受到严重危险的困扰。它将变得越来越纯粹地美学化,越来越纯粹地"为艺术而艺术"。如果这个领域被其他与实践经验的关系仍然比较密切的相关学科所包围,或者如果影响这个学科发展的人具有异常卓越的品位,那那倒不一定是坏事。但是这时仍然存在一种严重的危险,那就是这门学科将沿着阻力最小的线路发展,使远离源头的小溪又分成许多无足轻重的支流,而这个学科则变成一大堆无组织的细节和错综复杂的事物。换句话说,在距离其经验之源很远的地方,或者在多次"抽象的"近亲繁殖之后,一门数学学科就有退化的危险。起初,数学学科的风格通常是古典式的;一旦它显露出巴洛克①式的迹象,危险信号就出现了。要举出例子来考察明确演化为巴洛克和高度巴洛克的情况是容易的,但这还是过于专门了。

无论如何,每当到了这个阶段,在我看来唯一的补救措施就是为了恢复活力而返本求源,也就是或多或少地注入直接经验思想。我相信,这是使该学科保持清新与活力的必要条件,而且这在将来也仍然会是同样正确的。

（王丽霞译）

---

① Baroque,指过分雕琢和怪诞的艺术风格、建筑形式,或者结构复杂、形象奇特而模糊的文学作品形式等。——译者注

自动机的一般理论和逻辑理论^①

……自动机在自然科学中的作用一直在持续不断地增长,到目前为止已经达到了相当可观的程度。该过程经历了几十年。就在这一时期的最后阶段,自动机也开始进入某些数学领域——尤其是数学物理或应用数学,但并不仅限于这些领域。它们在数学中的作用对于自然中的组织的某些功能而言,提供了一种有趣的对应物。通常,自然界中的生物体比人造自动机更复杂也更精致,因此在细节方面也更少得到人们的了解。不过,我们在前者的组织构造中观察到的某些规律性,可能在我们思考和设计后者时具有相当大的启发性;反之,我们在研究人造自动机时的大量经验和困难在一定程度上会对我们解释生物体有所裨益。

初步的考虑

问题的二分法:基元的性质,对于其综合体的公理讨论。

① 原题为 The General and Logical Theory of Automata,发表于 1951 年。本文译自:Collected Works, Vol. V, p. 288-318.

在对生物体,尤其是最复杂的有机组织即人类中枢神经系统同人造自动机做比较时,需要记住以下限制。自然系统有着巨大的复杂性,显然有必要将它们所表示的问题划分成若干部分。在本文中,将生物体看成由一些零部件组成的划分方法是很有意义的,在某种程度上可以视它们为独立的、基本的单元。因此,就这一方面而言,我们可以考察这些基本单元各自的结构和功能作为该问题的第一部分。该问题的第二部分包括:弄清楚这些基元是如何组织成一个整体的,以及该整体的功能是如何用这些基元来表达的。

问题的第一部分目前在生理学的研究中占支配地位。它与有机化学和物理化学中最困难的篇章密切相关,在适当的情况下,有可能得到量子力学的极大帮助。我几乎没有资格来讨论它,因此这一部分并不是我在此所关心的。

另一方面,对于我们当中那些具有数学家或逻辑学家的背景和品位的人来说,第二部分很可能是有吸引力的。基于这一看法,我们想通过公理化过程除去问题的第一部分,集中讨论第二部分。

公理化过程。对于基元行为的公理化是指:我们假定基元具有某些定义明确的、外部的功能特征,即把它们当作"黑箱"来对待。它们被视为自动行为,其内部结构不必公开,但假定其通过某些明确限定的响应,会对某些明确限定的刺激做出反应。

理解了这一点,我们就可以研究能够由这些基元构建的更大的生物体,研究它们的结构、它们的功能、基元之间的联系,以及上述生物体的复杂综合中可以查明的一般理论上的规律性。

我不必强调这一过程的局限性。这种类型的研究者可以提供证据说明所用的公理系统是方便的,至少同现实有类似的效果。然而,它们并不是确定公理的真实性的理想方法,甚至很可能不是一种非常有效的方法。这种确定真实性的方法主要属于该问题的第一部分。的确,它们实质上涉及对基元的本质和属性做恰当的生理学(或化学或物理化学)测定。

有效数量级。 然而,尽管有这些局限性,上面定义的"第二部分"却是重要的和困难的。关于基元组成的合理定义无论是什么,生物体都是这些基元的极其复杂的集合体。人体中的细胞数大约为 1×10^{15} 或 1×10^{16} 个。中枢神经系统的神经元数大约为 1×10^{10} 个。我们以往从来没有处理如此复杂程度的系统的经验。人们曾经制造的所有自动机器具有的零部件数为 $1 \times 10^{3} \sim 1 \times 10^{6}$ 个。而且,那些功能上具有生物体那种逻辑灵活性和自主性的人造系统并没有处于这一尺度的顶端。这些系统的原型是现代计算机器,在此关于基元组成的一种合理定义将导致几倍于 1×10^3 或 1×10^4 的基元数目。

我打算关于计算机器的某些相关特征的讨论

计算机器——典型运算。在泛泛地讲过以上这些话后，我现在就来更明确地转而谈谈要讲的那部分话题的特殊方面和技术细节。正如我已经指出的，它涉及人造自动机，尤其是计算机器。它们与中枢神经系统有某种类似之处，或至少与该系统的某部分功能有相似性。当然，它们远没有那么复杂，也就是说，按其实际重要性来看是较小的。然而，从这些较小的人造自动机的观点出发，去分析生物体和组织构造的问题，并根据这一孔之见去将其与中枢神经系统做比较，这无疑是有趣的。

先来谈谈这种计算机器。

将一种自动机用于计算目的是相当新的观念。尽管从它们达到的最终结果来看，计算自动机并不是最复杂的人造自动机，然而它们的确代表了最高度的复杂性，这从它们所产生的彼此确定和追随的事件之链即可看出。

目前，对于什么时候使用快速计算机器是合理的，什么时候是不合理的，存在着一系列相当明确的想法。其判据通常是由数学问题中所包含的乘法来表示的。如果计算任务依次涉及大约百万次或更多的乘法时,那么认为使用快速计算机器大体上是合理的。

这可以用更基本的逻辑术语来表达:在相关领域中[即在其中使用这种机器是恰当的那部分(通常为应用)数学中],数学经验表明对于精确性的需求大约是十个小数位。因此一个单个乘法似乎要包括至少 10×10 步(数字乘法);于是一个百万次乘法至少要相当于 1×10^8 次运算。然而,实际上,将两位十进制数字相乘并不是一种基本运算。有多种方式将其分解为这种运算,所有这些都具有大致相同的复杂度。估计这一复杂度的最简单方法,不是去数小数位,而是去数二进制计数法(以 2 为基而不是以 10 为基)中相同精度所需的位数。1 位十进制数字对应于约 3 位二进制数字,因而 10 位十进制数字对应于约 30 位二进制数字。因此,上面提到的乘法,不是包含 10×10,而是 30×30 个基本步骤,即不是 1×10^2 步,而是 1×10^3 步。[二进制数字是"全或无"的事情,值只能为 0 和 1。因此,它们的乘法确实是一种基本运算。顺便说一下,10 位十进制数字的对应物是 33 位(而不是 30 位)二进制数字——但 33×33 也近似于 1×10^3。]因而由此推断,更合理的描述是上述意义上的一个百万次乘法相应于 1×10^9 次基本运算。

精确性和可靠性要求。我不清楚有任何其他的人类成就领域,其中任何人工制品的结果实际上依赖于一连串的十亿(1×10^9)个步骤,而且具有以下特征,即每个步骤实际上——或至少很可能是以相当大的概率牵涉到的。然而,这对于计算机器而言确是如此——这是它们最具体和最困难的特征。

的确,在过去的 20 年已经有了这样的自动机,它们在得出结果之前确实要完成上亿个甚至数十亿个步骤。然而,这些自动机的操作过程是不连续的。大量步骤是由于这样的事实,因为各种各样的原因,要反复不断地去做相同的实验。例如,这种累积的、重复的步骤有可能使结果的规模增加,就是说(这是重要的因素)相对于污染它的"噪声",增加有重要意义的结果,即"信号"。因此,在可用言辞解释的声音信号产生之前扩音器做出反应的次数适当地算一下则高达成千上万。就电视来说类似的估计将是数千万,就雷达而言有可能是好几十亿。然而,如果这些自动机中的任何一个出错,那么这些错误通常只与它们表示的步骤总数的小部分有关。(这在所有有关的例子中并不完全正确,但它代表了比相反陈述时更好的定性情况。)因此,产生一个结果所需要的运算次数越大,每个单个运算的有效贡献就越小。

在计算机器中,这一法则是不成立的。任何步骤都与(或有可能与)整个结果一样重要,任何错误都能损害整个结果。(这一表述并非完全正确,但很可能接近全部步骤的 30％属于此类。)因此计算机器是一种异乎寻常的人工制品。

它们不仅要在短时间内完成十多亿个步骤,而且在该过程的某个重要部分(这是事先严格指定的一个部分)它们不允许出现一次错误。事实上,为了确保整台机器的运行,并且没有任何潜在的退化性故障隐藏其中,目前实践中通常要求在整个过程的任何一处都不应出错。

这一要求使得大规模、高复杂性的计算机器处于一种全新的环境。尤其它使得计算机器与生物体行为之间的比较并非完全不合情理。

模拟原理。所有的计算自动机在某种程度上都分属两大类,这是显而易见的,并且你们马上就会看到,这也适用于生物体。这一分类的结果是模拟式机器和数字式机器。

我们首先考虑模拟原理。一台计算机器可以基于这样的原理,即用某些物理量表示数。例如,我们可以用一股电流的强度、一个电势的大小、一个圆盘转过的弧的度数(有可能连同所完成的全部转数)等表示数。像加法、乘法和积分运算则可以通过寻求按所期望的方式作用于这些量的各种自然过程来完成。电流可以通过将它们反馈到测力计的两个磁铁来相乘,这样便产生一个旋转。接着,这个旋转可以通过联结一个变阻器而转换成一个电阻。最后,该电阻可以通过将其与两个固定的(并且不同的)电势源相连而转换成一股电流。于是,整个集成装置就成为一个"黑箱",有两股电流流入,而它则产生出等于两股电流之积的一股电流。你们肯定熟悉许多其他的方式,其中可以利用各种各样的自然过程来完成这样的和许多其他的数学运算。

迄今制造的第一台完全集成的大规模计算机器是一种模拟机,即 V. 布什的微分分析机。顺便指出,这台机器并不用电流做计算,而是使用旋转圆盘。我将不讨论把这些圆盘的旋转角度按照各种数学运算组合起来的机智技巧。

我也不打算列举、分类或者系统化能够用于计算的各种各样的模拟原理和机制。它们多得令人困惑。指导原则是全部"通信理论"的经典——"信噪比",没有它我们不可能获得对于该情况的了解。就是说,对于每个模拟过程关键性的问题是:相较于表达该机器用来做运算的数这类重要"信号",构成"噪声"的机制的不可控波动有多大?任何模拟原理的有效性依赖于它能够让不可控波动的相对大小——"噪声电平"——保持多低。

换一种方式来说,不存在任何真正形成两个数之积的模拟式机器。它将形成的是这一乘积连同一个小而未知的量,后者代表的是所涉及的机制和物理过程的随机噪声。全部问题就是要使这个量减少。这一原理已经控制了全部有关的技术。例如,它已经导致采用表面上复杂和笨拙的机械装置,而不是简单雅致的电动装置。(这种情况至少遍布过去

20 年的大部分时间。最近,在某些只要求非常有限的精度的应用中电动装置再次崭露头角。) 在比较机械模拟过程和电动模拟过程时,以下说法大致是正确的: 机械装置可以使这一噪声电平以差不多 1∶10^4 或 1∶10^5 的比率低于"最大信号电平"。在电动装置中,这个比率几乎并不比 1∶10^2 更好。当然,这些比率表示的是计算的基本步骤中的误差,而不是其最后结果中的误差。后者显然实质上更大。

数字原理。数字式机器采取将数表示成数字集合的常用方法进行工作。顺便指出,这就是我们所有人在我们单独的、非机械计算中使用的程序,在那里我们用十进制表示数。严格地说,数字计算不必是十进制的。任何比 1 大的整数都可以用作数的一种数字记法的基底。十进制(基底为 10)是最常见的一种,而迄今建造的所有数字式机器都使用十进制。然而,很可能最终将证明二进制(基底为 2) 似乎更可取,目前正在建造使用二进制的若干台数字式机器。

数字式机器中的基本运算通常是以下四种算术运算: 加法、减法、乘法和除法。我们最初可能会想,在应用这些运算时,数字式机器(相比于前面提到的模拟式机器)拥有绝对的精确性。然而,正如下面的讨论所表明的,情况并非如此。

以乘法为例。用数字式机器做两个 10 位数的乘法,将得到它们的积,一个 20 位数,而不带有任何误差。就此而言,其精确性是绝对的,即便该机器的算术器的电动部件或机械部件本身具有有限的精度。只要某个零部件不出故障,换句话说,只要每个零部件的运行仅在预先允许的范围内波动,该结果就是绝对正确的。当然,这是数字过程主要的和特有的优越之处。事实是当正常运行而不单(像上面指出的那样)因为某个明确故障造成事故时,误差仍然以下列方式不知不觉地出现。两个 10 位数绝对正确的乘积是一个 20 位数。如果所建造的机器只能处理 10 位数,那么它就必须要放弃这20 位数的后面 10 位,只处理前 10 位。(这里可以忽视由于舍入而对这些数字的可能修改所造成的小的改动,尽管它非常实用。)另一方面,如果该机器能处理 20 位数,那么两个这种数的乘法将产生 40 位数字,又必须要削减到 20 位,等等。[总之,对于所建造的机器来说,无论数位的最大数是多少,在相继的乘法过程中这个最大数迟早能达到。一旦它被达到,下一个乘法就会产生额外的数位,而这个积将不得不削减到其一半的数位(适当舍入后的前一半)。因此,这种情形对于最大 10 位的数来说是典型的,我们最好用它来做例证。]

因此,将一个(精确的)20 位数乘积舍入成规定的(最大)10 位数的这种必要性,在数字式机器中定性地引出了如前面在模拟式机器中看到的同样情形。当求一个乘积时它产生的不是积本身,而是这个积加上一个小附加项——舍入误差。当然,这个误差不像在模拟式机器中的噪声那样是一个随机变量。它在算术上完全是由每个特定的实例确定的。然而其确定模式如此复杂,它随其在问题中出现的实例数的变化如此不规则,以至于它通常能被高度近似地处理成一个随机变量。

[这些考虑适用于乘法。对于除法来说,该情形甚至更略微糟糕一点,因为一般而言,一个商无法绝对精确地表达为任何有限个数字。因此在这里第一次运算后常常就已经必须要进行舍入。另一方面,对于加法和减法来说,这一困难并不出现:和或差具有与加数本身相同数目的数位(假如没有增加规模以超出计划的最大数位)。规模可能会引起这里所讨论的精确性困难附加的困难,但我此时将不去探讨这些。]

数字过程在减少噪声电平中的作用。上述数字式机器和模拟式机器的噪声电平之间的重要差别完全不是定性的,它是定量的。如前面指出的,一台模拟式机器的相对噪声电平从不低于 $1/10^5$,在很多情形高达 $1/10^2$。在上面提到的 10 位十进制数字式机器中,相对噪声电平(由于舍入)是 $1/10^{10}$。因此数字过程的实际重要性,在于其将计算噪声电平降低到任何别的(模拟)过程完全不可能获得的程度之能力。此外,在模拟式机制中进一步降低噪声电平难度越来越大,而在数字机制中则越来越容易。在模拟式机器中和当前的技术状态下,$1/10^3$ 的精确度是容易达到的;$1/10^4$ 有些困难;$1/10^5$ 非常困难;$1/10^6$ 是不可能的。在数字式机器中,上述精确度仅仅意味着人们分别建造 3,4,5 和 6 位十进制数字的机器。因此从每个阶段向另一个阶段的转换实际上变得更加容易。将 3 个数位的机器(假如任何人打算建造这样一台机器)增加到 4 个数位的机器,增加了 33%;从 4 个数位到 5 个数位,增加了 25%;从 5 个数位到 6 个数位,增加了 20%;从 10 个数位到 11 个数位,仅增加了 10%。从减少"随机噪声"的观点看,从物理过程的角度出发,这显然是一种完全不同的环境。数字过程的重要性正在于此,而不是在于它实际上没什么用的绝对可靠性。

计算机器与生物体之间的比较

生物体的混合特征。在仔细考察中枢神经系统时,可以辨认出数字和模拟两个过程的基元。

神经元传输脉冲。这似乎是它的主要功能,即使关于这种功能及其排他的和非排他的特征还完全没有定论。神经元传输脉冲似乎大体上是一种全或非的东西,堪比二进制数字。因此数字基元是明显存在的,但同样明显的是这并非全部实情。生物体中大量发生的事情并不是以这种方式促成的,而是依赖于血液流或其他体液媒质的一般化学成分。众所周知,生物体中存在着各种各样的合成功能排序,它们必须要经历从最初刺激到最终结果的种种步骤——其中有些步骤是属于神经的,即数字的;另外一些是属于体液的,即模拟的。这样一种链条中的这些数字和模拟部分可以交替增加。在这一类型的某些情形中,该链条实际上可以反馈进它本身,也就是说,它的最终输出可以再刺激它的最初输入。

大家知道这种混合的(部分神经的和部分体液的)反馈链条可以产生非常重要的过程。因此保持血压稳定的机制就属于这种混合类型。感觉和报告血压的神经通过一个神经脉冲序列,即以一种数字方式来做这件事。该脉冲系统诱发的肌肉收缩仍可以被描述为许多数字脉冲的叠加。然而,这样一种收缩对于血液流的影响却是流体动力学的,因而是模拟的。这样产生的血压对于报告该压迫的神经的反作用将结束这一循环反馈,此时模拟过程又转变为数字过程。因此,在这一点上,生物体与计算机器之间的比较毫无疑问是有缺陷的。生物体具有非常复杂的——部分数字的和部分模拟的——机制。计算机器,至少就我们这里讨论的其最近的形式来说,是纯粹数字的。因此,我必须请你们接受对于该系统的过分简化。尽管我很清楚生物体中的模拟部分,而且否定其重要性将是荒谬的,然而为了简化讨论,我将忽视那一部分。我将考虑生物体就好像它们是纯粹的数字自动机。

每个基元的混合特征。除此之外,人们可能会争辩说即便神经元也不完全是一个数字器件。这一点已被人们多次提出和强调。如果我们相当细致地考虑事物，其中确实有大量的真实性。在这方面，相关的断言是，能被赋予"全或无"特征的完全成熟的神经脉冲，并不是一种基本现象，而是高度复杂的。它是构成神经元的电化学复合物的一种退化形态，而就其完全的分析功能来说，必须将它视为一台模拟式机器。的确，有可能以这样一种方式刺激神经元，使得释放神经刺激的故障将不会发生。在这一"阈下刺激"区域，我们首先（对于最弱的刺激）发现正比于刺激的响应，接着（在较高的，但仍属于阈下的刺激水平上）发现依赖于更复杂的非线性规律，但仍然是连续可变而非故障类型的响应。在阈下区域的内部和外部也存在其他的复杂现象：疲劳，求和，某种形式的自激振荡，等等。

尽管这些观察具有真实性，但它们可能代表一种对于"全或无"器件概念不正确的僵化批评。机电继电器或真空管正常使用时，毫无疑问是"全或无"器件。的确，它们是这种器件的原型。然而它们实际上都具有复杂的模拟机制，它们根据适当调节的刺激，连续地、线性地或非线性地做出反应，仅在非常特定的运行条件下才显示"故障"现象或"全或无"响应。这一性能与上述神经元的性能相差无几。稍微换一种说法。这些中每一个都不是完全的"全或无"器件（我们的技术和生理学经验几乎没有表明存在绝对的"全或无"器件)。然而,这是不相干的。就"全或无"器件而言,我们应当指满足以下两个条件的事物。其一,它在某些合适的运行条件下以"全或无"的方式运行。其二,这些运行条件是它被正常使用时的运行条件;它们表示的是它作为一个构成部分的大型生物体内部功能上的正常状态。因而重要的事实并非一个器件是否必然地和在所有条件下具有"全或无"特征——情况大概从来不是这样,而是在其适当的背景中它是否主要地和看来倾向于主要地作为一个"全或无"器件发挥功用。我意识到这个定义引来了相当不受欢迎的关于背景的"恰当性"、关于"外观"和"意图"的判据。然而,我看不出我们如何能够避免使用它们,以及我们如何能够在它们的应用中放弃依靠利用常识。因此,我将在下文中使用神经元是一种"全或无"数字器件这一工作假设。我认识到对此尚无定论,但我希望以上关于该工作假设局限性的补充说明以及使用它的理由,将使你消除疑虑。我只是想要简化我的讨论。我并不试图要臆断任何重要的未解决问题。

在同样意义上,我认为可以将神经元作为电动器件来讨论。神经元的刺激,其脉冲的发展和进步,以及该脉冲在突触的刺激效果都可以从电动方面加以描述。为了理解神经细胞的内部功能,相伴的化学过程和其他过程是重要的。它们甚至比电现象更重要。然而,对于将一个神经元描述为一个"黑箱"、一个"全或无"类型的器件来说,它们似乎没什么必要。再有,这里的情形并不比真空管的情形更糟糕。在这里,纯粹的电现象还伴随有众多其他的固体物理学、热力学、机械学现象。所有这些对于了解真空管的结构都是重要的,但是如果把真空管当成概要描述的"黑箱",那么最好将其排除在讨论之外。

转换器或继电器概念。从以上讨论的方面看,神经元和真空管是同一个一般实体的两个实例,习惯上称其为"转换器"或"继电器"。(当然,机电继电器是另一个实例。)这样的一个器件被定义为一个"黑箱",它通过一种拥有能量的独立响应对特定的刺激或刺激组合做出反应。也就是说,该响应有望具有足够的能量以引起若干与启动它的刺激同样种类的刺激。因此,该响应的能量不可能由最初的刺激来提供。它必须起源于一个不同的独立动力源。该刺激仅仅引导、控制来自这个源的能量流。

(在神经元的情形,这个源是神经元的新陈代谢。在真空管的情形,它是保持阴极板电势差的动力,无论该真空管是否正在导电,而在较小程度上它是使"沸腾"电子离开阴极的灯丝功率。在机电继电器的情形,它是继电器正在开闭其通路的电流源。)

至少就我们这里讨论它们的程度而言,生物体的基本转换器是神经元。最近类型的计算机器的基本转换器是真空

管；在较早的类型中它们全部或部分是机电继电器。很可能
计算机器并不总是转换器的最初集合体,但未来这样的发展
还十分遥远。也许更接近的一种发展是真空管在计算机器
中的转换器作用有可能被取代。然而,这也有可能好几年仍
不会发生。因此,我将仅从真空管转换器的集合体角度出发
讨论计算机器。

　　大型计算机器与生物体规模之间的比较。现存并且运
行的有两台著名的超大型真空管计算机器。两者都包括约
20 000 个转换器。一台是纯粹的真空管机器。(它属于美国
陆军军械部弹道研究实验室,位于马里兰州阿伯丁,称作
"ENIAC"。)另一台是混合型的——部分真空管,部分机电
继电器。(它属于 IBM 公司,位于纽约,称作"SSEC"。)这些
机器比未来几年里将出现和运行的真空管计算机器的可能
规模要大很多。很可能每台这种机器将包括 2 000 到 6 000
个转换器。(减少的理由在于对待"存储"的不同态度,我在
此将不做讨论。)在以后的几年里,机器规模将再次增加是
有可能的,但只要运用现有的工艺和原理,就不大可能有超
出 10 000 个(或者也许几倍于 10 000 个)转换器。总之,对
于一台计算机器来说,1×10^4 个转换器似乎是合适的数
量级。

　　与此相对照,人们已经从多方面将中枢神经系统中的神
经元数目估计为 1×10^{10} 个。我不知道该数字有多可靠,但大

概其指数至少高低不超过一个单位。因此非常引人注目的是,中枢神经系统比我们目前能够谈论的最大人造自动机至少大到一百万倍。探寻该情形为什么应该如此以及涉及什么原理问题是相当有趣的。在我看来,它的确牵涉到几个非常明确的原理问题。

基元有效规模之比的确定。显然,如我们所知,与神经细胞相比,真空管是巨大的。它的物理体积差不多要大到十亿倍,而它的能量耗散差不多也高达十亿倍。(当然,我们不可能以无与伦比的正确性给出这些数字,但上面的数字是典型的。)另一方面,对此有一些校正。在除计算机器以外的应用中,真空管可以被做成以极其高的速度工作,但我们在此处不必关心这些。在计算机器中这个最大值要低得多,但它仍相当可观。就目前的技术发展水平而言,一般认为是每秒大约一百万次动作。神经元的响应要比这慢很多,大概是1秒的1/2 000,而真正重要的,亦即从刺激到完全恢复,也可能到重新刺激所需的最小时间间隔仍比这要长——最多接近于1秒的1/200。这得出了一个比,即1:5 000,然而,这个结果对于真空管来说也许太好了点,因为当真空管以每秒1 000 000步的速率被用作转换器时,它实际上从没有以100%的占空比运转。因此,像1:2 000的一个比似乎更合理。这样,真空管以差不多十亿倍的代价,性能上比神经元超出1 000倍多点儿。因此,说它的效率要差上一百万的数量级是有些道理的。

基本的事实是,无论从哪一方面来看,与真空管相比神经元的规模都过小。正如上面所指出的,这个比率大约是十亿。这是由于什么原因呢?

对于超常规模之比的原因分析。这种偏差源于基本控制器件,或者更确切地说,与神经元相比之真空管的控制安排。在真空管中,关键的控制区域是阴极(在那里产生出活性媒介物电子)与栅极(它控制电子流)之间的空间。这个空间纵深大约是 1 毫米。神经元中的对应物是神经细胞壁,即"隔膜"。其厚度大约是 1 微米(1/1 000 毫米),或略少。因此,这时线性尺度方面有一个大概 1∶1 000 的比。顺便说一下,这是主要的差别。对于真空管和神经元而言,存在于控制空间的电场大致相同。能够可靠操控这些器件所需的电位差在一种情形是数十伏而在另一种情形是数十毫伏。它们的比依旧大致是 1∶1 000,因此它们的梯度(电场强度)大致相同。于是线性尺度方面1∶1 000 的比对应于体积方面1∶1 000 000 000 的比。因此,三维尺度方面(体积)十亿的偏差因子也应当对应于线性尺度方面 1 000 的偏差因子。

值得注意的是,物体之间(它们都是微小的并且都位于基本部件的内部)的这种偏差是如何导致基于它们所建造的生物体之间令人印象深刻的宏观差异的,尽管这并不令人吃惊。毫米物体与微米物体之间的这种差异致使 ENIAC 重30 吨并浪费 150 千瓦的能量，而人类中枢神经系统(从功能上讲它要大上约一百万倍)所具有的是磅数量级的重量并且被容纳在人的头颅之中。在评价上述 ENIAC 的重量和规模时，我们还应该记住这个巨型装置需要用来处理 20 个数，每个这样的数都具有 10 位十进制数字，也就是说，总共有200 位十进制数字，相当于大约 700 位二进制数字——不过是 700 条同时出现的"是—否"信息！

对于这些原因的技术解释。这些考虑事项应该表明，我们目前的技术在处理高速和高度复杂性的信息时仍很不完善。由此产生的这个装置，无论在物理结构上还是在其能量需求方面，都是非常巨大的。

这一技术上的弱点很可能(至少部分地)在于所使用的材料。我们目前的技术包括对于相当接近的空隙，以及在仅由真空隔开的某些关键点使用金属制品。这种媒介组合具有一种特有的机械不稳定性，这对于生物界是完全陌生的。在此我是指这样的简单事实，假如一个生物体受到机械方面的伤害，它就具有一种修复自身的强烈趋势。另一方面，如果我们用一个大锤击打一台人造机械装置，显然不存在任何这样的复原趋势。如果两片金属离得很近，那么小的震动和其他的机械扰动(这在周围介质中总是存在的)就会构成使它们接触的危险。如果它们具有不同的电势，那么短路后接下来也许发生的事则是它们可能焊接在一起而变成永久接触。届时,将会出现真正的和永久性的故障。当我们损伤神经细胞膜时,则没有这样的事情发生。相反,在短暂的延迟后该隔膜通常会自己恢复。

正是我们的材料的这种机械不稳定性妨碍我们进一步减小规模。这种不稳定性以及其他具有类似特征的现象,使得我们的零部件的行为没有达到完全可靠,甚至处在目前的规模也是如此。因此,与那些自然中使用的材料相比,这是我们的材料的劣势,它妨碍了我们达到高度的复杂性以及生物体已经获得的那种小尺度。

自动机的未来逻辑理论

对制约目前人造自动机规模之因素的进一步讨论。我们已经强调过在人造自动机中是如何限制复杂化的,也就是我们能够处理这一复杂化而并没有感到有极端的困难,对此仍然能够期待自动机可靠地运行。我们已经给出限制这种意义的复杂化的两个原因。它们是我们必须意识到的零部件的大尺寸和有限可靠性,两者都是由于这样的事实,即我们正在使用的材料在较简单的应用方面似乎相当令人满意,但在这种高度复杂的应用中却差强人意且劣于自然材料。然而,还存在着第三种限制因素,我们现在应该把我们的注意力转向它。这一因素具有智力方面的而非物理方面的特征。

由于缺乏自动机的逻辑理论所受的限制。 我们还远未拥有名副其实的自动机理论,即一种适当的数学-逻辑理论。现如今,存在着一个非常精致的形式逻辑,尤其是像在数学中所使用的逻辑系统。这是一门有许多优点的学科,但也有某些严重的不足之处。这不是详述优点的时候,当然我也并不有意去贬低它们。然而,关于不足,可以这么说:已经在形式逻辑领域工作的任何人都将证实,它是数学在技术上最难驾驭的部分之一。对此给出的理由是,它涉及严格的"全或无"概念,与连续的实数概念或复数概念联系很少,也就是说,与数学分析很少联系。然而分析是数学在技术上最成功也最精致的部分。因此,形式逻辑——由于其方法的本质——已经脱离了数学的最高雅部分,被迫进入数学领域的最困难部分,成为组合学。

直到目前所讨论的"全或无"类型数字式自动机理论,无疑是形式逻辑的一部分。因此,现在看来它将不得不分担形式逻辑的这一不讨人喜欢的特性。从数学的观点看,它将不得不是组合的而非分析的。

这种理论的可能特征。 目前在我看来,事实上情形不会是这样的。在研究自动机的运行机制时,显然有必要对以前从没有出现在形式逻辑中的某种情形予以注意。

在所有现代逻辑中,唯一重要的事情就是一个结果是否能够在有限数目的基本步骤后获得。另一方面,形式逻辑几乎从不关心所需步骤数目的大小。原则上,任何正确步骤的有限序列都一样好。无论该数目是小还是大,抑或甚至大到在一个人的有生之年或者在我们所知的恒星宇宙据推测的生命周期内都没有可能完成这些步骤,这是一个并不重要的问题。在涉及自动机时,必须对这一断言做出重大修正。就自动机而言,重要的事情不仅是它在有限数目的步骤后能否得到一个确定的结果,而且还有需要多少这样的步骤。这有两个方面的原因。首先,建造自动机的目的是要在某个预先指定的期限内,或至少以预先指定的期限的数量级获得确定的结果。其次,所使用的零部件在进行每个单独运算时具有一个小的但是非零的故障概率。在足够长的一系列运算中,这些单独的故障概率累积的结果(如果不加控制的话)有可能达到 1 这个数量级——此时它实际上展现出完全的不可靠性。这里所涉及的概率水平很低,但仍然相去通常的技术经验领域不太远。不难估计,一台高速计算机器在处理一个典型问题时可能必须要进行 1×10^{12} 个之多的单独运算。因此,进行一个单独运算时可以容忍的错误概率相比于 1×10^{-12} 一定小。我可以提一下,一个机电继电器(一个电话继电器)如果在进行一个单独运算时的故障概率为 1×10^{-8},那么它在目前就被认为是可接受的。如果这一概率为 1×10^{-9},那么它被认为是优良的。因此高速计算机器所需的可靠性,比构成某些现存工业领域中可靠实践的那种可靠性要高,但不是过分地高。然而,实际可以获得的可靠性不可能为应对刚刚提到的最低要求而留有一个非常宽广的余地。因此,确实需要一种详尽的研究和一种有价值的理论。

因此,自动机的逻辑在两个相关联的方面不同于现有的形式逻辑系统。

(1)必须考虑"推理之链",即运算之链的实际长度。

(2)逻辑运算(使用自动机理论习惯的术语,三段论、合取、析取、否定等就是各种形式的开启、重合、反重合、阻塞等动作)必须都要经过程序来处理,这些程序允许具有较低但非零概率的例外(故障)。所有这些将导致比过去和现在的形式逻辑更少严格地具有"全或无"性质的理论。它们将具有更少的组合特征和更多的分析特征。事实上,有许多迹象使我们相信,这一新形式逻辑系统将更贴近过去曾很少与逻辑相联系的另一门学科。这就是热力学,主要是从玻尔兹曼那里获得的形式,并且是理论物理中在某些方面最接近于处理和测量信息的那部分。的确,它的技术手段与其说是组合的不如说是分析的,这再次说明了我在上面一直试图强调的观点。然而,此时此刻如要更详尽地探讨这一话题将会使我离题太远。

所有这些都再次强调了我在较早时候表明的结论,即需要有一种详尽的、高度数学的,尤其更是分析的自动机和信息理论。在目前我们仅仅拥有这样一种理论的端倪。当评价我早先讨论的仅具有中等规模的人造自动机时,尚有可能在没有这种理论的前提下以一种粗糙的经验方式来进行。然而我们有充分的理由相信,对于更精致的自动机而言这将是不可能的。

自动机的逻辑理论之缺乏对于处理误差过程的影响。因此,这是最后的也是非常重要的限制因素。如果没有掌握非常先进和精密的自动机和信息理论,那么我们就不可能建造比现有自动机有着更高复杂性的机器,更不必说建造拥有像人类中枢神经系统这种巨大复杂性的自动机了。

这种智力上的不足确实阻碍了我们去获得比现在大得多的进步。

这一因素的一种简单表现形式就是我们目前与误差校验的关系。在生物体中器件故障也会出现。生物体显然有办法检测出它们并使其无害。不难估计一个正常寿命中出现的神经脉冲数一定为 1×10^{20}。显然,在没有显著的外部干预的条件下,这一连串的事件中就绝不会出现生物体本身无法修正的故障。因此,该系统必须包含必要的安排以便当误差出现时诊断它们,重新调整生物体以使误差的影响最小,并最终修正或永久阻隔有缺陷的器件。我们关于人造自动机中故障的处理方式是完全不同的。该领域的所有专家都一致认为,这里的实际操作有点像如下过程:尽一切努力(通过数学检验或自动检验)去检验每个误差,只要它出现。然后尽力迅速可行地去隔离造成误差的零部件。这可以部分地自动完成,但无论如何,这一诊断的一个重要部分必须通过外部干预来实施。一旦辨认出有缺陷的零部件,就立刻修正它或更换掉。

请注意这两种态度的差别。处理自然中的故障的基本原理是尽可能地使它们的影响不重要并从容地实施改正,如果这么做完全有必要的话。另一方面,在我们处理人造自动机时,我们需要一种即刻的诊断。因此,我们打算以这样一种方式来安排自动机使得误差尽可能明显,紧接着干预和修正。换句话说,生物体的构造是使得误差尽可能不明显,尽可能无害。人造自动机的设计是使得误差尽可能明显,尽可能严重。这种差异的根本原因不难寻找。生物体与生俱来就足够好到即便有内在缺陷也能够工作。它们能够不顾缺陷进行工作,而其随后的倾向就是去除这些缺陷。一台人造自动机的确可以被设计成使其即便在某些有限部位出现有限个故障也能正常工作。然而,任何故障都代表一种不容忽视的风险,即某种普遍退化过程已经内置于该机器。因此有必要立即干预,因为一台已经开始出故障的机器只有很少的恢复自身的倾向,更可能的是变得越来越糟。所有这一切都回到了一件事。与大自然操纵生物体时的表现相比,我们在操纵人造自动机时,更多的是在对其全然无知的情况下进行的。我们(显然至少在目前不得不)非常"害怕"某个孤立错误的出现和肯定在其后的故障。我们的行为显然是那种由于无知而导致的过分小心翼翼。

单一错误原理。对此所做的一个次要的间接说明是,几乎我们所有的错误诊断技术都基于该机器只包含一个故障零部件这一假设。在此情形,将机器反复细分为各个部分将使我们有可能确定哪部分包含故障。一旦存在有该机器包含好几种故障的可能性,这种(相当有效力的)分叉诊断方法就将失效。于是错误诊断将成为一种越来越没有希望的命题。使被诊断的错误数低至一个,或无论如何尽可能低的高溢价,再次说明了我们在这一领域里的无知,并且是为什么必须使错误尽可能显著的主要原因之一,这样做的目的就是要在它们出现时尽快地,也就是在进一步的错误有时间发展之前对其进行识别和了解。

数字化原理

连续量的数字化:数字展开方法和计数方法。现在考虑生物体的数字器件,特别地,考虑神经系统。我们假定它具有一种数字机制,即它传输具有"全或无"特征的信号构成的信息确实是合理的。换句话说,每个基本信号、每个脉冲仅仅是要么在那里要么不在那里,而无任何寄生信号。对于这一事实的一个特别贴切的说明,是由其中深层问题具有相反特征,即其中神经系统实际上被要求传输一种连续量的那些情形提供的。因此,典型的是必须要报告压迫值的那种神经的情形。

例如,假定要传输一个压迫(显然是一个连续量)。大家都知道这件事情是如何做的。做这件事情的神经所传输的仍不过是单个的"全或无"脉冲。那么它是如何用这些脉冲,即数字表达压迫的连续数值的呢?换句话说,它是如何将一个连续数编码成一个数字记法的呢?确实它并不是靠把所讨论的数展开成通常意义的十进制(或二进制,或任何其他基底的)数字来做此事的。似乎所发生的事情是,它以某种频率传输脉冲,而该频率是变化的并在一定限度内正比于所讨论的连续量,而且通常是它的一个单调函数。因此,完成这一"编码"的机械本质上是一种频率调节系统。

人们对于细节是了解的。神经具有有限的恢复时间。换句话说,在它已经被脉动一次后,在另一次可能的刺激之前必须间隔的时间是有限的并依赖于接下来(尝试的)刺激的强度。因此,如果神经处于某种持续刺激(如同这里考虑的压迫一样,始终均匀呈现的一种刺激)的影响下,那么神经将会周期性地响应,两次相继刺激之间周期的长度则是以前曾提到的恢复时间,即持续刺激(目前情形中的压迫)长度的一个函数。因此,在某种强烈的压迫下,神经或许每8毫秒能够响应一次,也就是以每秒125次脉冲的速率传输;而在较小压迫的影响下,它或许每14毫秒才能够响应一次,也就是以每秒71次脉冲的速率传输。很显然这是一种数字器件——一种真正的是或否器件的行为。然而,非常具有启发意义的是,它应用"计数"方法而不是"十进展开"(或"二进展开"等)方法。

两种方法的比较。生物体对于计数方法的偏好。现在比较这两种方法的优点和缺点。计数方法确实不如展开方法有效。为了通过计数表达大约一百万(具有一百万可辨认的分解步骤的一个物理量)的一个数,就必须传输一百万次脉冲。为了通过展开表达同样大小的一个数,需要6或7位十进制数字,即大约20位二进制数字。因而在这种情形中只需20次脉冲。因此,我们的展开方法比起自然所依靠的计数方法在记法上要更加经济。一方面,计数方法具有高度的稳定性和规避错误的安全性。如果你通过计数表达一个一百万数量级的数并漏掉一次计数,那么结果只是不恰当地改变了。如果你通过"十进展开"(或"二进展开")去表达它,那么单个数字的单个错误就有可能使全部结果无效。因此我们的计算机器的这一令人讨厌的特点再次出现在了我们的数字展开系统中。事实上,前者与后者有着深刻的联系,并且部分地是后者的一个结果。另一方面,有机体的高度稳定性和近乎防错的特点,反映在它们似乎用于该情形的计数方法中。所有这一切都反映出一个一般规则。通过降低记号的有效性,或者正面地说,允许记号的冗余性,人们就可以增加避免错误的安全性。显然,通过冗余取得安全性的最简单形式,就是使用本身相当不安全的数字展开记法,但要重复每个这样的信息多次。在所讨论的情形中,自然明显地已经依靠某种更加冗余的和更加安全的系统。

当然,为什么神经系统应用计数而不是数字展开,或许存在其他的原因。前者所需的编码-解码装置比后者所需的同样装置简单得多。然而确实,自然在朝着复杂化的方向上愿意并且能够比我们,或准确地说,比我们的能力所及走得更远。因此,人们也许怀疑,如果数字展开系统的唯一缺点是其较大的逻辑复杂性,那么单凭这个原因,自然将不会拒绝它。尽管如此,我们确确实实在任何地方都没有找到生物体应用它的迹象。很难讲人们应该在多大程度上给这一观察贴上"终极"真实性的标签。无论如何,这种观点是值得注意的,并且应该在未来关于神经系统之功能的研究中接受它。

形式神经网络

形式神经网络的麦卡洛克-皮茨理论。从逻辑的和组织的观点来看,关于这些事情还有更多的东西可讲,但我在这里将不试图去说它。接下来我将讨论有可能是公理方法到目前为止所获得的最重要结果。我指的是麦卡洛克和皮茨关于逻辑与神经网络关系的非凡定理。

正如我已经说过的,在这一讨论中我将采取严格的公理化观点。因此,我将视神经元为一个"黑箱",它具有一定数目的输入(接受刺激)和一个输出(发出刺激)。具体地说,我将假定这些中的每一个输入连接可以是两种类型:兴奋和抑制。箱子本身也有两种类型:阈值1和阈值2。这些概念由以下定义联系和界定。为了刺激这样一个器件,有必要使它同时接受至少与其阈值相对应的同样多对其兴奋输入的刺激,而不接受对其任何一个抑制输入的任何刺激。如果它已经这样得到刺激,那么在一定时间的延迟(假定它总是相同的,并且可以用于定义时间单位)后它将发出一个输出脉冲。这个脉冲可以通过适当连接到其他神经元的任何数目的输入(也包括任何它自身的输入)而获得,并在这些神经元中的每一个产生上述同样类型的输入刺激。

当然,我们明白这是对神经元的实际功能的一种过度简化。我已经讨论过公理方法的特征、局限和优势。它们都适用于此,而以下讨论则是在这种意义上进行的。

麦卡洛克和皮茨已经使用这些单元来建立复杂的网络,

它可以称为"形式神经网络"。这样一个系统是由任何数目的单元,并将其输入和输出以任意的复杂度适当地相互连接起来所构成的。这一网络的"功能"可以通过挑选出整个系统的一些输入和它的一些输出,然后描述对于前者的哪些最初刺激注定要导致对于后者的哪些最终刺激。

麦卡洛克-皮茨理论的主要结果。 麦卡洛克-皮茨理论的重要结果是,此意义上的任何功能如能用有限数目的词语逻辑地、严格地且明白地完全加以定义,则它也能用这种形式神经网络来实现。

在此最好先稍停一下,来考虑这意味着什么。人们常说人类神经系统的活动和功能如此复杂以致任何通常的机械都不可能执行它们。人们也试图命名那些就其本质而言显示这种局限性的特定功能。人们试图表明这种逻辑地、完整地描述的特定功能,本身不可能是机械的神经实现。麦卡洛克-皮茨理论的结果终结了这一点。它证明了能够详尽地且明白地描述的任何事物,能够用语言完整地且明白地表达的任何事物,事实上都可以用一个适当的有限神经网络来实现。由于反过来的陈述是显然的,因此我们可以说在用语言完整地且明白地描述一个真实的或假想的行为模式的可能性,与用一个有限的形式神经网络实现它的可能性之间没有任何区别。这两个概念是同外延的。在这样一个网络中,体现任何行为模式的原理之困难只有当我们也不能完整地描述那种行为时才能存在。

于是只剩下下面两个问题。首先,如果某种行为模式能够由有限神经网络产生,那么该网络是否能在一个实际的规模内实现,特别是,它是否会符合所论有机体的生理限制的问题仍然存在。其次,每种现有行为模式是否真能完整地且明白地用语言表达的问题将会产生。

当然,第一个问题是神经生理学的终极问题,我在此不打算进一步讨论它。第二个问题有着不同的特征,并且具有有趣的逻辑内涵。

关于这一结果的解释。毫无疑问,任何可想到的行为模式的任何方面都能够用语言"完整地且明白地"加以描述。这种描述也许是冗长的,但它总是可能的。否定它就等同于坚持某种形式的逻辑神秘主义,而这肯定与我们中大多数人的想法相去甚远。不过,它是一个重要的限制,即这仅分别适用于每个基元,而它将如何适用于整个行为综合征还远不清楚。更具体地说,描述一个生物体如何有可能鉴别出视网膜上呈现的任何两个直边三角形属于同一范畴"三角形"并不困难。除此之外,为数众多的其他事物(除了正常绘制的直边三角形)也将被分类或鉴定为三角形——曲边三角形,边没有被完全绘出的三角形,仅由其内部或多或少均匀的阴影显示的三角形,等等——同样并不困难。我们试图对可以在这一名目下想象的每一事物描述得越完全,该描述就会变得越长。我们也许会有某种含糊的和不舒服的感觉,即这样考虑的一个完整编目不仅出奇地长,而且在其边界处也不可避免地是模糊的。然而,这也许是一种可行的操作。

不过,所有这一切只是构成了相似几何实体的更一般的辨识概念的一小部分。反过来,这只是一般的相似概念的一个微小部分。没有人愿意尝试在任何实际数量的空间内描述和定义支配我们对于视觉的解释的一般相似概念。没有任何根据说这项事业是否需要数千或数百万或完全不切实际的数目的容量。实际上要说明什么构成了一种视觉相似,最简单和唯一切实可行的方式在于给出视觉大脑连接的一种描述,这在目前是完全可能的。我们这里正在论述的是逻辑部分,实际上我们对此不曾有过任何以往经验。这里涉及的复杂程度与我们曾经已知的任何事物的复杂程度完全不成比例。我们无权假定过去使用的逻辑记法和步骤适合这部分内容。无法完全确定的是,在该领域中一个实际对象有可能不构成其本身的最简单描述,即使用通常的文字和形式逻辑方法描述它的任何尝试也许导致不易掌控和更加复杂的某种东西。事实上,现代逻辑的某些结果将会表明,当我们谈到真正复杂的实体时这样的现象是必在预料之中的。因此,寻求一种精确的逻辑概念,即寻求关于"视觉相似"的一种精确的文字表述根本不可能是徒劳的。有可能视觉大脑本身的连接模式是这一原理最简单的逻辑表达或定义。

显然,在这一层面上麦卡洛克-皮茨结果并没有更多益处。在这一点上,它只是提供了早先概述之情形的又一例证。逻辑原理与其在神经网络的具体化之间存在一种等价关系,而尽管在更简单的情形中,这些原理可能提供了一种关于网络的简化表达,但是很有可能在极端复杂的情形中相反的情况是真实的。

所有这一切并没有改变我的信念,即为了理解高度复杂的自动机,尤其是中枢神经系统,需要一种新的,实质上是逻辑方面的理论。然而,也许在这一过程中,逻辑将不得不经历一种同反方向相比程度更大的类似神经学的假晶现象。前述分析表明关于中枢神经系统理论我们现在能做的相关事情之一,是指出真正的问题并不位于其中的那些方向。

复杂化概念;自我复制

复杂化概念。 到目前为止的讨论已经表明,高度复杂性在与自动机有关的任何理论成果中都扮演了一个重要的角色,并且这个概念尽管表面看来具有定量特征,但它其实可以表征某种定性的事物——表示某个原则问题。在我的讨论的其余部分,我将考虑这个概念的一个更偏僻的含义,它将使得其本性中的定性方面之一更加明显。

自然中,关于"恶性循环"类型存在着一种非常明显的特点,有关于此的最简单的表达就是非常复杂的生物体能够复制它们自身这个事实。

我们都倾向于以一种暧昧的方式怀疑"复杂化"概念的存在性。这个概念及其假定的属性从来没有被清晰地系统表述过。然而,我们总是倾向于认定它们的这种状况也可接受。当一个自动机进行某些操作时,人们必然期望它们比该自动机本身具有更低的复杂度。尤其是,如果一个自动机具有造出另一个自动机的能力,那么我们一定会在从母体到产物的方向上感受到复杂性的降低。就是说,如果 A 能产生 B,那么 A 在某种意义上必定已经包含了关于 B 的完整描述。为了使之有效,就必须在 A 中存在进一步的各种安排以确保这一描述得到解释以及它所要求的构造性运算得以执行。从这个意义上讲,似乎必定要预见到某种退化趋势,如一个自动机制造另一个自动机时在复杂性方面的一些降低。

虽然这对于它来说具有某种不确定的似然性,但是它与自然中发生的最明显的事情是显然矛盾的。生物体复制它们自身,也就是说,它们造出的生物体在复杂性方面没有任何降低。此外,还存在长时期的进化,其间,复杂性同样在增加。生物体是从其他具有较低复杂性的物体间接得来的。

因此存在着似然性与证据的一种明显冲突,假如不是更糟的话。有鉴于此,似乎值得尝试来看看这里是否存在着任何能够严格地系统表述的复杂事物。

到目前为止我一直对此相当暧昧和使人困惑,而且是有意为之。否则在我看来对于这里存在的情形不可能给出一种公平的印象。我现在就尝试变得明确起来。

图灵的计算自动机理论。大约在 12 年前,英国逻辑学家图灵曾着手解决过下面的问题。

他想对什么是计算自动机给出一个一般的定义。这个形式定义的结果如下:

一个自动机是一个"黑箱",我们将不去详细描述它,但期望它具有下列属性。它具有有限个状态,我们只需通过说出其数字,比如说 n,并相应地列举出它们:$1,2,\cdots,n$,从表面上刻画它。这个自动机必要的运行特性包括描述如何使它改变其状态,即由一个状态 i 转到一个状态 j。这一改变需要某种与外部世界的相互作用,我们将以下列方式使之标准化。就该机器而言,设整个外部世界包括一条长纸带。设这一纸带是,比如 1 英寸宽,并设它被划分成 1 英寸长的区域(方格)。在这条带子的每个区域我们可以标上或不标上一个记号,比如说一个小圆点,并假定我们可以擦去也可以写入这样一个小圆点。以小圆点标记的一个区域将称为一个"1",没用小圆点标记的一个区域将称为一个"0"。(我们可以允许更多的标记方式,但图灵证明这是无关紧要的,并不导致在一般性方面有任何本质的改进。) 在描述带子相对于自动机的位置时,我们假定该带子的一个特定区域处于自动机的直接检阅位置,而该自动机能够向前和向后移动带子,比如说每次一个区域。具体说来,设该自动机处于状态 $i(=1,2,\cdots,n)$,并设它注视带子上的一个 $e(=0,1)$。接着它将进入状态 $j(=0,1,\cdots,n)$,将该带子移动经过 p 个区域($p=0,+1,-1$;$+1$ 表示一个向前移动,-1 表示一个向后移动),并在它注视的新区域写入 $f(=0,1$;写 0 的意思是擦去;写 1 的意思是加入一个小圆点)。然后指定 j,p,f 作为 i,e 的函数,这就是这样一个自动机功能的完整定义。

图灵对于什么数学过程能被这类自动机实现进行了仔细分析。在这方面他证明了涉及逻辑的经典"判定问题"的各种定理,但我在这里将不探讨这些问题。然而,他的确还引入和分析了一种"通用自动机"的概念,而这是与本文内容有关的部分主题。

数字 $e(=0,1)$ 的一个无穷序列是数学中的基本实体之一。如果视作一个二进展开,那么它本质上等价于一个实数概念。因此,图灵将他的思考建立在这些序列的基础上。

他研究了关于哪些自动机能够构造哪些序列的问题。亦即,给定一个构造这种序列的明确法则,他问哪些自动机能够根据该法则构造这个序列。"构造"一个序列的过程以这种方式来解释。所谓一个自动机能"构造"某个序列，就是假如有可能指定带子的一个有限长度，并适当标记，使得如果这条带子被输入进讨论中的自动机，则该自动机将因此而在这条带子余下的(无限)空白部分写入此序列。当然，这个写下无穷序列的过程是一个没完没了的不间断过程。这意味着该自动机将保持无限期地运行，而倘若有足够长的时间，将写入该(无限)序列的任何想要的(当然是有限的)部分。这段有限的事先标记的带子构成了用于这一问题的该自动机的"指令"。

一个自动机是"通用的"，如果能被任何一个自动机产生的任一序列也能由这个特定的自动机解决。当然，为此目的一般来说会需要一个不同的指令。

图灵理论的主要结果。我们可能先验地预期这是不可能的。如何可能存在这样一个自动机，它至少和任何可以想到的自动机，比如规模和复杂度是其两倍的一个自动机一样有效呢？

然而，图灵证明了这是可能的。尽管其构造相当复杂，但基本原理却很简单。图灵注意到关于任何可以想到的自动机的一个完全一般的描述，可以(在前述定义的意义上)用有限个单词给出。这一描述将包含某些空段——涉及较早提到的函数(以 i,e 表示 j,p,f)的那些段,它确定了该自动机的实际功能。当这些空段被填满时,我们讨论的就是一个特定的自动机。只要它们空着,这一模式表示的就是一般自动机的一般定义。现在已有可能来描述有能力解释这样一种定义的一个自动机。换句话说,当输入上述意义的函数来定义一个特定的自动机时,它将立即像所描述的对象一样运行。做这件事的能力并不比阅读一本词典和一本语法书然后遵循它们的使用说明和组词原则的能力更神秘。这个自动机——它被建造来读一段描述并模仿所描述的对象,就是图灵意义上的通用自动机。为了使它复制任何其他自动机能够完成的任何运算,对其提供有关所论自动机的一段描述,以及该装置要进行的运算所需的指令就足够了。

处理产生自动机的自动机之程序扩展。对于我在此关心的问题,即自动机的"自我复制",图灵的程序只是就一个方面而言太过狭窄了。他的自动机是纯粹的计算机器。它们的输出是一段上面写有 0 和 1 的带子。我所指的建造所需的是一个其输出为其他自动机的自动机。不过,在涉及这一较广的概念和从它导出图灵结果的等价物方面,原则上没有任何困难。

基本定义。正如前面的例子所表明,为了研究而给出一个自动机由什么构成的严格定义再次成为最重要的事情。首先,我们必须制定所使用的初等部分的一份完整清单。这份清单必须不仅包含一个完整的枚举,而且包含一个关于每个初等部分的完整操作定义。制定这样一份清单,即写出一份关于"机器部件"的目录,它足够丰富从而允许构建这里所要求的各种各样的机构,并且它具有这种考虑所需的公理严格性。这个清单也不需要很长。当然,可以使它任意地长或任意地短。可以通过在其中包括能用其他部件组合成的东西作为基本部件来加长。可以通过赋予每个基本部件以多重属性和功能使其变短——事实上,可以使其由单独一个单元组成。因此,关于所需基本部件数目的任何说法都将表示某种常识性的妥协,其中没有任何预期来自任何一个基本部件的非常复杂的东西,也没有使任何基本部件去执行好几个明显不同的功能。从这个意义上讲,可以证明大约一打的基本部件就足够了。自我复制的问题于是可以这样来陈述:我们能以下面这种方式由这种元件建造一个集合体吗?即如果将其放入一个储存器,其中到处都散布着大量的这种元件,那么它将开始建造其他的集合体,每一个最终都将变成和最初的那个完全相像的另一个自动机。这是可行的,而它可以依据的原理与先前概述的图灵原理密切相关。

有关自我复制定理的推导之概要。首先,就这里讨论的意义而言是一个自动机的任何事物我们都有可能给出一个完整的描述。这个描述将被想象成一个一般描述,即它再次包含空间隔。这些空间隔必须由描述一个自动机实际结构的函数来填充。和以前一样,这些填充的与未填充的间隔之间的区别,就是关于特定自动机的描述与关于一般自动机的一般描述之间的区别。在描述下列自动机方面没有任何原则困难。

(a) 自动机 A,当用适当的函数提供了关于任何其他自动机的描述后,它将建造那个实体。在此情形,该描述不应像在图灵的情形那样以一条有标记的带子的形式给出,因为我们通常不会选择一条带子作为一个结构元件。然而,要描述结构元件的组合是相当容易的,它们有着一条能被标记的带子的全部符号属性。我们将称在此意义上的一个描述为一个指令并用字母 I 表示。

“建造”是在与前面相同的意义上来理解的。假设正在建造的自动机被放入一个储存器,其中到处散布着大量的基本组件,那么这将影响它在那个环境中的建造。人们不必担心一个确定的这类自动机如何能产生比自身更大且更复杂的其他自动机。在此情形,要建造的这个对象的较大规模和较高复杂性将会反映在必须提供的指令 I 的很可能更大的规模上。正如所指出的那样,这些指令必须是基本器件的集合体。的确,就此意义而言,一个实体将进入该过程,其规模和复杂性是由要建造的对象之规模和复杂性确定的。

在下文中,所有其建造过程要用到设备 A 的自动机都将

与 A 分享这一属性。它们全都有为指令 I 提供的位置,即能嵌入这样一个指令的位置。当这种自动机在被(例如某个适当的指令)描述时,对于按照前述意义嵌入一个指令 I 的位置之具体说明则被认为构成了该描述的一部分。因此,我们可以谈论"将一个给定的指令 I 嵌入一个给定的自动机",而无须进一步的说明。

(b) 自动机 B,它能复制提供给它的任何指令 I。按照(a)中所概述的意义,I 是基本部件的一个集合体,用以代替一条带子。当 I 提供对另一个自动机的描述时,将使用这个设备。换句话说,这个自动机并不比一个"复制器"——能够读一条穿孔带并产生一条与第一条完全相同的第二条穿孔带的机器——更精致。我们也注意到这个自动机能够产生比其自身更大和更复杂的物体。我们还注意到关于它不存在任何令人惊奇的东西。因为它只能复制,输出的一个具有确切规模和复杂性的物体必须作为输入提供给它。

在有了这些准备之后,我们可以进入决定性的一步。

(c) 将自动机 A 和 B 相互结合,再与执行下列操作的控制机构 C 相结合。设 A 接到了一个[也具有(a)和(b)意义的]指令 I。则 C 将首先使 A 建造该指令 I 描述的自动机。接下来 C 将使 B 复制上面提到的指令 I,并把复制品嵌入上面提到的自动机,它刚刚被 A 建造出来。最后,C 将把这一

构造物从系统 $A+B+C$ 分离,"使其松绑"为一个独立实体。

(d) 用 D 代表整个集合体 $A+B+C$。

(e) 为了运行,必须向集合体 $D=A+B+C$ 提供如上述那样的一个指令 I。正如上面指出的,必须将这一指令嵌入 A。现在构造一个描述这个自动机 D 的指令 I_D,并在 D 内将 I_D 嵌入 A。称目前作为结果的集合体为 E。

E 显然是自我复制的。我们注意到这里没有涉及任何恶性循环。当构造了描述 D 的指令 I_D 并附加到 D 上时,决定性的一步出现在 E 中。当需要 I_D 的构造物(复制品)时,D 已经存在了,并且它绝不会被 I_D 的构造所修改。I_D 只是被添加上以构成 E。因此存在一个确定的年代和逻辑顺序,依此必须构造出 D 和 I_D,而根据逻辑规则该过程是合法的和适当的。

对该结果及其直接推广的解释。有关这个自动机 E 的描述除此之外还有一些吸引人的方面,我此时不打算去详尽地探讨它们。例如,很清楚指令 I_D 大致履行着基因的功能。也很清楚复制机构 B 完成的是基本的繁殖行为,即遗传材料的复制,这显然是活细胞繁殖中的基本活动。还容易看出系统 E,尤其是 I_D 的任意改变如何能展示出与细胞变异有关的某些典型特征,这通常是致命的,但随着特征的改变它们有可能继续繁殖。当然,同样清楚的是这种类比在何处失去效力。天然基因很可能不包含对于其存在刺激其构造的物体的完整描述。它或许只包含一般指针、一般提示。在进行上述考虑的概述中,我们并不尝试这一简化。然而,有一点是清楚的,这一简化以及其他类似的做法就本身而言具有非常的和定性的重要性。如果我们不试图去洞悉这样的简化原理,那么我们就与对自然过程的任何真正理解相去甚远。

对于前述方案的微小改变也允许我们建造能够复制它们本身,而且也能建造其他自动机的自动机。(更具体地说,这样一种自动机履行的或许是某种——假如不是这种的话——典型的基因功能,某些特殊的酶的自我复制加上产生或对产生的刺激。)的确,用一个描述自动机 D 加上另外给定的自动机 F 的指令 I_{D+F} 代替 I_D 就足够了。设 D 连同在其内嵌入 A 的 I_{D+F} 被称为 E_F。这个 E_F 显然具有已经描述的属性。它将复制自己,并且除此之外,建造 F。

我们注意到 E_F 的一种“变异”并不是致命的,它发生在 E_F 内 I_{D+F} 的 F- 部分。假如用 F' 代替 F,它将 E_F 变为 $E_{F'}$,即,这个“变异物种”仍然是自我复制的,但是其副产品改变了——F' 代替了 F。当然,这是典型的非致命性变异物种。

所有这些都是朝着系统的自动机理论方向实施的非常粗浅的步骤。此外,它们仅表示一个特定的方向。正如我先前指出的,这是朝着形成关于什么构成了“复杂化”的一个严格定义的方向。它们说明"复杂化"在较低层次上很可能是退化的。就是说,每个能产生其他自动机的自动机将只能产生较低复杂程度的自动机。然而,存在一个确定的最低水平在那里这一退化特征不再是普遍的。在此能够复制其自身,或者甚至能够建造更高级实体的自动机成为可能。这个事实——即复杂化以及组织在一个确定的最低水平以下时是退化的,而在超越那个水平时就变成自我支持的甚至是增加的——无疑将在该学科的任何未来理论中起着重要的作用。

(程钊译)

数学在科学和社会中的作用①

我本想谈谈数学在不远的将来的可能发展。我十分羡慕做前一个报告的史比泽尔(Spitzer)教授,因为他能在自己的研究领域内向普通听众讲述天文学未来的可能发展,而不必涉及太多的专业知识。专业知识能吸引天文学家,却不能吸引普通公众。

然而这对于数学来说却十分困难。如果一个人开始谈论数学的一门分支,尤其是在思考其未来的发展时,那么他很快就会陷入过于专业化的知识,而这只能引起数学家的兴趣。因此,我的话题有所改变,我要谈的是数学在智力活动和社会中的作用。

从一开始,人们就不得不回答所有科学分支面临的一个问题。然而,在数学中它却以一种特别明确和极端的形式出现。这问题就是:数学有什么用? 怎么用? 其用处意义何

① 原题为 The Role of Mathematics in the Sciences and in Society,发表于 1954 年。本文译自:Collected Works of John von Neumann. Pergamon Press, Oxford, London, New York, Paris,1963,Vol. Ⅵ, p. 477-490.

在？人们应该为科学而科学还是从它对社会的作用来追求科学？关于这个话题有许多内容可讲。我想，一个人在十分钟里就此所能做的最好是指出这个问题有多么困难，对它仓促做出判断有多么危险。

下面我将引用德国诗人席勒的讽刺短诗，在诗中他虚构了阿基米德与一个门徒的对话。这位学生向老师表达了对科学的向往，以及想要学习"刚刚拯救了国家的神圣科学"的愿望，他指的是在罗马人的围攻中帮助过叙拉古的技术。我的意思是，这些办法帮助叙拉古人打败了罗马军队的围攻。于是，阿基米德做了一个有点乏味的演说，他指出，科学是神圣的，但它在帮助国家之前就是神圣的；它的神圣与否和帮助国家没有任何关系。

这是一个重要而中肯的观点。科学绝不会因为帮助了国家或社会而更神圣。然而，如果人们同意这个观点，那么他就该同时考虑相对的主张，即如果科学帮助了社会而不会更神圣，那么，也许它危害了社会也不会变得不神圣。这个问题并非无足轻重。本次会议要讨论的最后一点正是：尽管科学根本不能拯救国家（因为事实上叙拉古不久就被罗马人占领了），但它的神圣却丝毫不减。

因此，我将要谈论数学的作用问题——尽管在评价数学对日常生活的重要作用和对社会的重要作用方面存在着诸多困难,而不去讨论数学在社会中的地位,以及一般地说数学对我们有什么影响,特别是对专业群体以外的人的影响。

考虑一下数学在专业群体内有什么影响也是很有趣的。对专业人士的影响完全不同于人们所想象的。就一般的外部影响而言,数学显然提供了十分重要的东西,换言之,它建立了某种客观性标准,某种真理的标准,尤为重要的是,它似乎能给出独立于其他任何事物建立这些标准的方法,而与感情、道德等其他事物都无关。获得如下认识相当重要:真理的客观标准可能存在,这个目标并非自相矛盾,在某种意义上也并非不适合人类。这个见解既不显然也不古老。逻辑和科学本身的声誉,可能与科学在我们生活中的作用有关,也与完全抽象形式下数学在科学中的作用有关。

这些论点的内在真实性虽然值得争议,但重要的是,这些论点确实可以建立起来,人们可以对它们的内容给出精确而详细的说明。这是可能的,因为通过数学的帮助,人们可以想象一个系统是什么样的。换言之,一旦人们直接地、真正地体验到一个系统是什么样的,他们就可以对它有很多认识,只要这个系统确实存在。但这完全不同于下面的问题:数学给出的真理的客观标准是否真的客观呢?这些标准本身是否正确呢?

为此,我们可以举出许多数学的例子。这些主张是如何明确实施的呢？即使没有立即成功实施,那么在什么思想体系中这些极端的观点能成立呢？

对于这一问题以及数学在建立可能的客观标准时的作用,可以涉及很多内容。首先我要提一提反对的意见:即使数学可以建立绝对标准,这些标准也不是对整个世界绝对有效的。这一点已经被充分讨论过了,我说不出更新的内容了。我们都面临这个问题,并且有各种解决办法,不管这些办法能否令人满意。然而我想指出的是,人们也可以怀疑关于数学标准是否真正客观的这一基本论点,实际上这是个更具技术性的问题。换言之,下述观点并不一定正确,即数学方法是某种绝对的东西,它是天启的,或者不知为什么一旦被我们掌握,它就明显是正确的,并且从此以后永远是明显正确的。更确切地说,也许数学方法被揭示出来后是明显正确的,但是并不一定永远保持明显正确。对于什么是数学严格性,数学家的专业观点曾发生过重大的变化。我自己的经验是,仅仅在近 30 年里,我对于什么是数学严格性的看法就发生了相当大的转变,至少转变了两次。而人的一生是多么短暂! 就整个时代来看,比如说从 18 世纪初开始,关于什么构成一个严格的数学证明,数学家的观点则出现过更重大的转变。

18 世纪末的伟大分析学家所承认的数学证明,在我们看来是绝对不能接受的。事实上,他们带着一定的负罪感接受了这些证明,但是许多时候,这种负罪感并不很明显。同样真实的是,19世纪,人们曾对伟大的数学家黎曼给出的一个证明是否是真正的证明发生过争论。

据我的经验,20世纪早期,人们曾就什么是数学的基本原理,大部分数学是否真正符合逻辑这两个问题,进行过多次严肃的讨论。20世纪初和20世纪20年代,对这些问题的争论使以下问题突显出来:人们根本就不清楚什么是所说的绝对严格,具体地说就是,人们是否应该限制自己,只用无人质疑的那部分数学。然而,实际上对于大部分数学都存在着不同的观点!一些数学家认为,人们不必怀疑实际上正在使用的任何数学。还有另一种观点是,人们只能用最苛刻的批评家所赞成的数学。然而,更多的数学家认为,虽然对数学的某些领域存在疑问,但这并不妨碍它们的使用。他们很愿意接受曾经被质疑但显然很有用的,尤其对数学本身有用的那部分数学,也就是说,在那些领域可以得到十分优美的理论——那部分数学至少是和理论物理的结构一样合理,甚至可能要更合理一些。毕竟,理论物理还算凑合,所以,为什么不能有这样的领域:它甚至可能服务于理论物理,即使不能百分之百地满足数学的严格性,为什么它就不能成为真正的数学学科?为什么不该从事这个领域的研究?也许听起来很奇怪,好像是恶意降低标准,但是大多数人相信这一点,我理解他们,因为我也是其中的一员。

我不想涉及争论的细节,它和一个非常困难的认识论问题有关:谈论由无穷多个对象构成的集合是否合理? 或者如果你正在处理由无穷多个数学概念组成的集合,那么关于它做出的一个一般性断言的确切含义是什么? 而如果你知道某种东西可能在这个集合中,那又意味着什么? 它是指你有一个真正的例子吗? 还是说你有一些其他方法可以证明存在一个例子? 事实上如果不明确展示一个例子,又有什么方法可以建立它的存在性呢? 对于我们大家来说,一个令人非常吃惊的事实就是,普遍接受的数学方法实际上就是如此:你可以有种种拐弯抹角的技巧证明存在一个例子,而不用展示它。难以想象这如何发生,但是实际上它确实发生了,而且是数学的家常便饭。

因此,我想说的是,存在一些需要技巧的难题,它们在某种程度上和那些影响物理学基础的问题性质类似,人们无法回避这个结论。人们可以有一种似乎合理的感觉,但未免有贪图方便之嫌,而且不可能存在被认为是数学的特征之一的绝对超凡的可靠性。

因此怀疑是存在的;在评价数学的特征和作用时,人们千万不能忘记:怀疑是存在的。

现在,我来进一步讨论数学的作用,尤其是在我们思维中的作用。通常的认识是,数学是一所优秀的思维学校,它使人们习惯于逻辑思考,经历它以后你可以比没有经历它的人更有效地进行思维。我不知道所有这些说法是否正确,其中第一点可能是最无争议的。不过,我认为对于不太精确的领域中的思维而言,数学有十分重要的意义。我觉得,数学对我们思维重要的贡献之一,是其概念的极大的适应性,这种适应性是其他非数学模式很难达到的。有时候可以在哲学中发现类似情形,但是,那些哲学领域通常并不太令人信服。

我提到的适应性涉及如下内容:用规范的术语来说,它是考虑哲学家在讨论某一领域时已绞尽脑汁的一个问题,即这个领域的规律是否具有下述性质:每个事件都即刻决定直接紧随其后的事件。一方面,这是因果论的观点。另一方面,这些规律也可能是目的论的,这表示单一事件不能决定随后的事件,但是,整个过程必须被看成一个统一体,服从一个总的规律,以至于只能被作为一个整体来理解。如果我说这是一个困扰了哲学家的问题,那是在轻描淡写。它已经起了很大的作用,并且仍在起着巨大的作用,比如在生物学中。

我并不是说这是个坏问题或毫无意义的问题,但至少它比表面上看起来要微妙得多,因为大量数学经验表明,除非你非常仔细,否则这个问题毫无意义。

这方面有个典型的例子,我认为它应该获得比已得到的更多好评。这个突出的例子属于理论物理和数学之间的领域,实际上属于数学,即对经典力学的数学处理。经典力学当然属于理论物理,但是,一旦你认同力学原理,那么剩下的纯粹数学部分就是用数学术语来表述这些原理,用数学来研究如何找到解,有多少个解,等等。还有,如何以不同的数学形式表述本质上相同的原理,所有这些都彼此等价,因为所说的是同一事物,但它们形式上看起来可能很不同,所以给出了完全不同的问题解决方法。因此,一般说来,所有这些是人们理解该问题所依据的不同方面。

关于力学的一个最简单的事实是,它可以表示成几种等价的数学形式。其中之一是牛顿形式,在那里系统的状态不仅指某时刻每部分的位置,还有该时刻每部分的速度。因此,这样定义的状态唯一决定了加速度,继而决定下一时刻的位置和速度。重复这个过程,就得到系统在将来任一时刻的状态,事实上也可以得到过去任意时刻的状态。换句话说,它严格满足因果关系;如果知道系统现在的状态,就可以立刻确定它随后的状态,重复上述过程,就可以确定所有未来时刻的状态。

力学的第二种表述是利用最小作用原理,对此我不打算用数学来描述。它说的是:如果考虑某个系统的全部历史(我所说的系统是任何机械实体,因此它可以是一颗在太空中漂游并且被简化为一个质点的行星,或者是一颗行星及一个中心天体构成的系统,或者是像整个太阳系那样的复杂系统,或者是复杂的机车,或者是你所选的任何东西),再考虑它在两个时刻间的全部历史(也许从现在开始的 5 分钟内,或者是过去的 30 亿年里,或者是其他任意时间组合),那么你可以从全部历史中计算出某些东西,尤其是能量乘以时间后的积分。而且,实际历史是让这个数量尽可能小的历史。这是一个明显的目的论原理。确实,这里所说的历史不被某一时刻发生的任何事情所决定,你必须观察整个历史,并且使其上某个积分的特定数值最小化。

第一种观点是严格因果论的,它从一个时刻到另一个时刻起作用。第二种是严格目的论的,它只利用某些最佳性质定义全部历史,而不是其任何部分。然而,两者却严格等价;从其中之一得出的运动的实际历史恰好是从另一个发现的同样历史;至于力学符合因果论还是目的论的问题(在其他任何领域,这会被看作一个需要回答"是"或"否"的重要问题),显然对力学毫无意义,因为这完全依赖于写方程时做何选择。涉及生物学时,我不打算轻率看待目的论原理的重要性,但我认为,如果人们还有一点数学头脑的话,就不应该在认识到你的问题在力学里毫无意义之后,才开始理解它们在生物学中的作用。如果人们了解的是另一个领域,同样的事情也会发生。这一点完全可能。

如果没有变换力学方程的纯数学技巧,就绝不可能得到这样一种洞察力;正是纯粹的数学技巧、以数学表述于再表述的适应性特征,产生了这样的洞察力。它不是任何抽象水平上的纯粹思维。它都不是纯粹的思考,而是一个具体的数学过程。

在这一方面,我想提提另一件事。(像前面那样,我将再次把理论物理和数学放在一起。例子属于理论物理,但是产生我提到的那些结果的技术处理实际上是数学操作,因此,它与数学在洞察力中的作用有关,而与理论物理在洞察力中的作用无关,后者非常重要,但却是在别的方面胜前者一筹)。尤其是在像现在这样分析这个问题之前,人们往往会随意地说,易于做严格的数学处理的事物与受偶然性支配的事物之间存在着某种明显差异。

这是一个貌似合理的说法,200 多年前尤其如此,那时人们发现了概率论,它使人们用严格的数学方法处理不确定的和偶然性事件成为可能。而且,它通过数学处理让人们意识到,如果一个事件不被严格的规律所确定,而是任由偶然性支配的话,那么只要你已经清楚地表述了所说的是什么意思(并且它是可以被清楚地表述的),那么它就可以被量化处理,就好像它是经过严格定义的。当然,一个量化处理告诉我们的并不是什么将要发生,因为在这一特例情形中这被认为是不可能的,但它会告诉你,如果你试了比如一百万次,那么有多少次你可能得到一个肯定的结果。而且,如果你增加试验的次数,那么这一可能性的准确程度增加多少。另外,哪些可能事件的组合是你可以忽略的,哪些是荒谬的,尽管不能确定一般规律。

概率论为此提供了一个例子,但这方面更令人吃惊的例子是量子力学的现代形式。它表明,尽管知道了以前的所有情况,基本运动——包括基本粒子、原子或亚原子粒子的运动——显然并不服从并且肯定不服从力学中的那些定律,因为力学中那些以因果形式出现的定律告诉你,如果知道系统现在的状态,那么可以准确地说出随后瞬间的状态,重复这一做法,就可以说出随后的所有状态。事实表明,对于基本运动而言,情形似乎并非如此。今天人们可以给出的最好描述——它可能不是最终的(最终的描述甚至可以回复到因果形式,尽管大多数物理学家认为这不大可能),但至少是我们今天所能给出的最好描述——你无法完全确定它,系统现在的状态根本不能确定随后瞬间或更往后的状态。当然,现在的状态也许和关于它在一小时以后的状态的一些假定相矛盾;或者说某些假定也许就不可能成立。但是,仍会有许多可能性。人们可能怀疑,这是一种无法用精确的数学方法描述的思想。

事实在于这是用理论物理的方法发现的,然后才用数学方法加以精确化。实际上,必须应用十分复杂的数学理论。最奇怪的事情出现了,例如,像在这里提到的一个系统不能根据因果关系来预测。你不能从它现在的状态计算出它在下一时刻的状态。不过,有一些其他的东西是能用因果关系来预测的,也就是所谓的波函数。可以计算波函数从一个时刻到下一时刻的演变,但波函数对于被观测实体的影响仅仅是有可能而已。这样一种组合可以做出,它可以用以解释经验,甚至能从经验得出。然而,如果没有数学方法,这一切就完全不可能。数学方法对我们实际思维演变的一个巨大贡献是使得这种逻辑循环成为可能,并使其十分精确。人们有可能以完全的可靠性和技术稳定性来做这些事。

我同样想讲但今天却不能详细讨论(尽管在这方面我们已经知道很多)的另一件事就是,当人们尝试分析产生科学和人类智力作用的基础时,预期会出现恶性循环,那也是合乎情理的。这一领域的所有研究迹象表明,智力活动的系统,也就是人类的神经系统可以用物理的和数学的方法来研究。然而,设想在任一时刻,一个人应该被完全告知他在该特定时刻神经器官的状态,这很可能牵涉某种矛盾。出人意料的是,这里存在的绝对限制也能用数学语言并且只能用数学语言来表达。

我们已经有了这种类型的现象。理论物理已经指出了物理世界中的两个领域,那里存在着绝对的认识极限。一个领域是相对论,另一个领域则是量子理论。这里,用我们今天所能给的最好描述来说,就是对于什么是可知的事物,存在着绝对极限。然而,借助概念能够用数学方法非常精确地表达它们,而这些概念在尝试用任何其他方法表达时将会令人极度困惑。因此,在相对论与量子力学中不能被认识的事物总是存在的;但关于哪些是可认识的,你却有相当大的控制余地。例如在量子力学里,你绝不可能同时知道一个基本粒子的位置和速度,但是,你却可以按自己的意愿确定这两者之一。对其中之一你所获得的任何信息都将弱化可能获得的关于另一个的信息。这确实是颇为复杂的形势,如果用其他方法而不是数学的方法去改进或处理,或者不用数学的方法进行实质性讨论,就将毫无希望;更不用说像数学方法已经试过身手的那样去做预测了。

在展望数学的发展时,我十分担心它会变得过于专门化。我想对此稍作评论。我认为,谈论数学发展的环境可能比仅仅叙述发生过什么更有益于广泛的科学听众,甚至比谈论从现在起十年内将要发生什么更好。数学发展的环境十分典型并且有教育意义。

再者,考虑数学在生活中或其他科学中的作用时,有一个情况非常引人注目。许多数学领域实际上是非常有用的。不过,有时候这种实用性表现得相当间接。

例如,数学家通常认为,如果一个理论可以用在理论物理上,它就是直接有用的。在这之后,他还得说,理论物理只有在实验物理中有用时才是有用的。之后，一定会说，如果实验物理的某个概念按通常的判断标准在工程中有用，那它才算真正的有用。甚至在工程之后，他还可以更进一步。因此，这些有用性的概念有很大的局限，借助这样的概念我们只能认为，每门科学都应该在它自身领域以外有所应用，而且，这一连串应用中存在着某种一般的导向，即能立刻被社会实际应用的导向。但是，如果人们不对有用性的定义吹毛求疵，而是，比方说，根据数学家的标准，认为有用性乃指对不属于数学的任何事物都有用，那人们一定会说，大部分领域都是有用的。同样，根据所有这些判断标准的总和，也可以说非常广泛的领域实际上都是直接有用的。确实，它们已经使我们生活的世界发生了巨大的改变，虽然这种影响通常不是很直接，并且往往是在某个其他领域之后，但却始终显示着数学的生命力。

饶有意味的是，这些东西中大多数在当初发展时几乎没有顾及有用性，而且人们常常毫不怀疑它们以后有可能因为某个完全不同的性质而有用。比如矩阵和算子领域里某种形式的代数，它们被发明的时候，根本没有人想到20年乃至100年后它们会在(那时还没出现的)量子力学中起作用。这种情况同样出现在微分几何领域，当时绝不可能预料到有朝一日会冒出一个广义相对论，更不可能想到广义相对论会用到这种几何。这些东西至今仍在蓬勃发展之中。类似的例子不胜枚举。

然而,我必须指出,也有相反的例子。一个非常典型的例子就是微积分,微积分无疑是牛顿专门为了理论物理的特殊目的而发明的。

但毕竟有很大一部分后来变得有用的数学,它们的发展原本绝无实用之需求,无人知道它们在哪个领域里可能有用,也看不出任何迹象表明它们会变得有用。一般来说,从一个数学发现到其应用之间会有一个时差,可能从 30 年到 100 年不等,有时甚至更长。整个数学体系似乎是在没有任何方向,没有任何实用背景,没有任何应用意愿的状态下运行的。当然,人们还须认识到,就整个科学的发展进程而言,情况也是如此。换言之,你应该考虑,大部分科学是通过什么过程而取得了在日常生活中影响社会的地位:大部分物理科学如何从力学而来,力学中的最初发现如何主要跟天文学相联系,而与其今天的应用领域毫无联系。

这是对所有科学皆准的真理。在很大程度上,成功在于完全忘掉终极所求,拒不研究获利之事,只依赖智能雅趣准则的指引。遵循此道,长远来看其实会遥遥领先,远胜于执守功利主义之所获。

我认为,应该认真研究数学中的这种现象,而且,对于这些观点的有效性,每个科学工作者都有得天独厚的条件做出

自己满意的回答。另外,我认为,观察科学在日常生活中的
作用,注意自由主义的原则如何在这个领域中结出奇妙的果
实,这些都是极富教益的。

（杨静译）

《量子力学的数学基础》前言①

　　本书旨在用一种统一的表述方式介绍新生的量子力学，这种处理方式不仅是可能的和有用的，而且在数学上也是严格的。近几年来，这门新兴的量子力学已经在其实质性部分获得了也许是最终的形式，即所谓的"变换论"。因此，研究的重点应该放在那些因为与此理论有关而出现的一般而基本的问题上。尤其是应当仔细研究解释工作中的那些困难问题，这些问题有许多至今仍未彻底解决。这其中，量子力学与统计学以及经典统计力学的关系问题尤为重要。然而，对于量子力学方法在具体问题中的应用，我们通常不做任何讨论；同样，只要至少不影响对一般关系的理解，对于由一般理论导出的个别理论我们也不做任何讨论。这样做可能更为明智，因为几种对于这些问题的出色处理正在或即

---

　　①　本文译自：Mathematical Foundations of Quantum Mechanics（tr. by R. T. Beyer），Princeton University Press，1955，p. vii-x. 这里保留了原文脚注和英译注，但详细的参考文献则不再列出，有兴趣的读者可以查阅上述书后所附的参考文献。

将付印。[①]

本书将介绍这一理论的必要数学工具,即所谓的希尔伯特空间理论和厄米特算子理论。为此,必须精确地介绍无界算子理论,这是上述算子理论超越其古典形式(由 Hilbert 和 E. Hellinger, F. Riesz, E. Schmidt, O. Toeplitz 所发展)局限的一种推广。关于这种处理模式所采用的方法可以这样说:微积分运算通常应当与算子(表示物理量)本身而不是与一些矩阵一起进行,这些矩阵是引进希尔伯特空间的一种(特殊且任意的)坐标变换后由这些算子导出的。这里所用的"自由坐标"的方法,亦即不变量的方法,带有很强的几何意味,具有显著的形式上的优越性。

狄拉克(Dirac)在其几篇论文以及最近出版的书[②]中,给出了量子力学的一种表述,这种表述就其简洁和优雅而言是很难超越的,同时这种表述也具有不变量方法的特点。而我们这种方法在很大程度上是与狄拉克的方法相背离的,因

---

① 这些全面综合的处理有:Sommerfeld, Supplement to the 4th edition of Atombau und Spektrallinien, Braunschweig, 1928; Weyl, The Theory of Groups and Quantum Mechanics(tr. by H. P. Robertson), London, 1931; Frekel, Wave Mechanics, Oxford, 1932; Born and Jordan, Elementare Quantenmechanik, Berlin, 1930; Dirac, The Principles of Quantum Mechanics, 2nd ed. , Oxford, 1936.

② 参见 Proc. Roy. Soc. London, 109(1925) and the following issues, especially, 113 (1926). Independently of Dirac, P. Jordan, Z. Physik 40 (1926) and F. London, Z. Physik, 40 (1926) gave similar foundations for the theory.

此,为这种方法做些许辩白也许是适宜的。

　　前面提到的狄拉克的方法(这种理论因其清晰性和优雅性,目前在绝大部分量子力学文献中被广泛采用)根本不能满足数学严格性的要求——即使这种要求在理论物理中已被用一种自然而适当的形式降低到了粗陋的程度。例如,这种方法依赖于"每个自伴算子都可用对角线形式表出"这一假设。因此对那些不满足这一假设的算子,就需要引进一些具有某些自相矛盾性质的"伪函数"。在狄拉克的方法中,需要频繁地插入这样的"数学假设",即使要处理的问题仅仅是对一个清楚定义的实验的数据结果做数值计算时也不例外。如果引进这些无法纳入现代分析框架的概念是物理理论的内在需要,那我们对此不会有任何异议。因为,就像牛顿力学首先导致了无穷小分析的发展,而无穷小分析的最初形式无疑也并非自相容的。类似地,量子力学也许会为"无穷多个变量的分析"导出一种新的结构——这就是说,必须改变的应当是数学工具而不是物理理论。然而情况根本不是这样。人们倒更愿意看到,可以用另外一种同样清晰而统一,但却没有数学缺陷的方法建立量子力学的"变换论"。我们强调指出,这种正确的架构不但不必在狄拉克方法的数学提炼和解释中去寻找,反而需要一种从一开始就完全不同的方法,即依靠希尔伯特的算子理论。

　　通过对一些基本问题的分析,人们可以看到如何从少数几个定性的基本假设导出量子力学的统计公式。而且,我们还将详细讨论是否有可能因为探索量子力学的统计性质而导致在描述自然现象时陷入模棱两可(或曰不完全性)的境地。诚然,这样一种解释也许是"每一种可能的陈述都源于我们知识的不完全性"这一一般原理的自然产物。这种"用隐参数"做的解释,以及另一个与之相关的解释,即把"隐参数"当作观察者而不是被观察的系统,已不止一次被提出。然而,有可能出现这样的情况,即这种解释很难以一种令人满意的方式取得成功,或者更准确地说,这种解释与量子力学的某些定性的基本假设是不相容的。①

本书还考虑了这些统计数字与热力学的关系。一个较为严密的调查研究显示,那些与热力学基础所必需的"无序性"假设有关的经典力学的困难,在此可被消除。②

（王丽霞译）

---

① 参见 Ch. Ⅳ. 和 Ch. Ⅵ. 3.
② 参见 Ch. Ⅴ.

物理科学中的方法[①]

　　当出现某些麻烦和困难,迫使人们重新检验从过去继承的某一立场时,人们往往会强调方法论。因为人们对科学的态度往往要比对其他学科的态度更坚定、更自信,所以过去较少探讨科学家的道德,因而较少关注他们的方法论。然而,科学家不可能高枕无忧,他们至少经历了三次严重的危机——或者是早期危机的回响,这促使科学家重新思考。我们可以用这些危机作为参照系,它们可以帮助我们统一认识。

　　物理学出现过两次危机,即发现相对论时的概念反思及发现量子理论时的概念困难。发现相对论时,危机短暂而猛烈。发现量子理论时,危机则持续了很长时间,几乎 30 年后量子理论才成形。第三次危机出现在数学领域。这是一次极为严重的概念危机,讨论的是严格性及如何给出正确数学证明的恰当方式。从早期对数学绝对严格性的观点来看,发

---

① 原题为 Method In the Physical Sciences,发表于 1955 年。本文译自:Collected works of John von Neumann, Vol, Ⅵ, p. 491-498, Pergamon Press, Oxford, London, New York, Paris, 1963.

生这种事情很奇怪,更令人奇怪的是,居然发生在本以为不会出现危机的时代。然而它确实发生了。

外尔写过一篇关于数学危机的文章,他比我更有资格谈论数学危机。因此,我只讨论物理学的两次危机,而且我不专门指出相关概念上的修正,因为 N. Bohr 已经在他的文章中涉及了这个主题。另外,我只讨论能说明科学方法一般特征的过程和方法。我们所说的方法主要是机会主义的,在科学之外,几乎没人理解它是如何具有绝对的机会主义特征的。我支持上述观点,不只是为了辩论,还因为我确实相信它。

一

首先,我们必须强调一种观点。这种观点你以前肯定听说过,但我们必须反复强调。那就是,科学不尝试说明,甚至几乎不尝试解释,它们主要是建立模型。数学的构造用模型来表示,通过补充某些字面上的说明,模型解释了观察到的现象。数学构造合理与否完全取决于它能否起作用,即是否能够正确地描述相当广泛领域内的现象。而且,它必须满足某些审美标准,即在描述程度方面,数学构造必须很简单。我想,有必要坚持使用一些模糊的词语,比如,"很"这个字眼。人们不可能精确地说出简单是多么"简单"。我们采用的理论、喜爱的模型,以及令我们引以为荣的模型,可能并不会让第一次接触它们的人留下"很简单"的深刻印象。

简单性在很大程度上与历史背景、以前的条件、经历和习惯有关系,而且与所解释的内容有很大关系。如果已能明确解释大量的、种类迥异的事物(明确解释是指不用附加更多的说明或注释),如果已经清楚地解释事物涉及截然不同的领域,那么人们将接受复杂性并容忍对形式美的偏离。相反,如果只有相对少量的事物得到解释,那么人们一定会坚持简单、直接的处理方法。必须指出,要很小心地使用"能解释大量事物"这一要求。事实上,这些要求的微妙之处只能凭直觉去领会。

正确描述或预测的能力在这种模型中很重要,但并非决定性的。同时,在科学预测中,预言发生在事前或事后并不十分重要。当然,它必须是正确的。但是,正如我前面提到的,被正确描述或预测的事物应该是不同种类的,这一点很重要。让我稍微详细地分析一下这个要求。

对一项理论的验证不应该仅仅依赖某一个领域。在这个意义上,人们认为在发明该理论的人意料不到的领域去寻求验证尤为重要。因此,如果在某个领域面临严重困难的理论正确地描述了完全不同领域的事情,那么这个理论就有极高的价值。如果在后来的领域中,事情并不协调,而且看不到任何乐观的前景,那就更加非同小可了。

在这方面,量子力学的权威性是一个典型的例子。这在很大程度上可能是基于以下事实:量子力学的产生是为了克服光谱学中的种种困难和解决与光谱学有千丝万缕联系的各种原子、分子论问题,但后来却发现它还能正确地解释或预测化学、凝聚态物理中的各种问题,甚至和认识论也有某种关系,而这一切都令人始料不及。

牛顿力学提供了类似的例子,它甚至具有更崇高的权威性,这主要是由于:牛顿体系最初是为了描述太阳系行星的行为。事实证明,牛顿体系后来也可以用来描述物理学不同分支中极为广泛的事物,而只需做一些小的、完全合理的修正。

我们还必须了解其他方面。能被正确描述的现象应该有很大差异,不只是定性的,还要有定量的方面。因此,牛顿理论——经典重力理论——给人印象最深的一点是,它既解释了人类范围的现象,也解释了行星范围的现象。在科学界之外,许多人不知道各种理论的适用范围是多么有限。物理学中最大物体与最小物体的线性大小的比值大约是 10^{40}。比如,一方面是假定的宇宙,另一方面是最小的粒子。换言之,我们所有的物理经验,不论多么深奥难懂,都发生在 10^{40} 的线性范围内。目前还没有哪个理论能在这个范围外成立。任何涉及这一范围的广泛部分的理论都享有极高的威望,即使陈述苍白无力。对牛顿系统而言,可验证的事物已经超出了

10^{20}，或者可能达到 10^{30}。对大多数现存的理论来说，在这种意义上可以验证的事物的范围仍有很大局限。

二

在评价这些模型的作用时还应该强调：不需要给它们附加多少直接的解释，看一个经典的例子就会有很大启发。在其他领域，甚至在一些科学领域，比如生物学领域，一种观点究竟属于哪种类型被认为或者曾经被认为十分重要。具体就是：这种观点究竟属于因果论还是目的论？在用因果论这个词时，我想到的不是因果论与统计的差异，而是因果论与目的论的差异。因果论意味着，如果知道系统现在的状态，那么可以由此预测随后瞬间的状态。瞬间是指非常短的时间，在任何有限的时间内，预测可能不准确，但是时间越短，预测就越准确，而且以加速的步伐，通过一般的综合法就可以推广预测。因此，人们可以通过连续的步骤，以任何想要的精确程度，把预测推广到将来的任一时刻。所以，如果完全了解系统现在的状态，就可以准确无误地计算出系统在未来任何时刻的状态。在大多数因果系统中，人们也可以类似地推知过去任何时刻的状态。

这是人们看待自然的一种主要方式，通常把牛顿经典力学作为这种看法和影响方式的完美典范。在这个体系下，如果知道了系统的现在状态，就可以计算随后任何时刻以及之前任何时刻的状态。不过,在定义状态的概念时必须小心。如果对状态有完整的描述,那么状态是明确的。但是必须考虑到,在某种程度上这是在回避原则,因为所谓完整的描述,是指它恰好包含着因果论过程发展的全部信息。

在经典力学中,这样完整的描述必须包含哪些信息? 人们必须知道系统的所有部分位于何处(所有坐标),以及这些部分运动得有多快(所有速度)。然后,经典力学就可以算出系统在随后任何时刻的位置和速度。人们需要精确知道这些位置和速度,少一点都不行,但也没必要知道那些似乎看起来同样重要的东西,比如加速度。为什么用明确的位置和速度就可以描述经典力学的状态,而不能只用位置,或不能用位置与速度再加上某些加速度? 这是因为牛顿体系恰好在这一点上是封闭的。恰恰是这么多信息——位置和速度,这是理论所固有的,而且可以通过精确的计算传递到未来。

另一类主要方式是目的论。这时,人们必须知道在时间上明确相隔的两个时刻之间系统的整个历史状况,比如,从现在到随后的一个小时,或者从现在到随后的一兆秒,或者从现在到以后的一千年。如果把这样一段历史作为研究的主题,目的论式的理论断言,整个历史过程必须满足某些准则,这些准则通常被叙述为能使这个过程的某个适当的函数最优化(最大化)。这里使用“最优化”一词说明了机会主义甚至反映在术语的使用上。最优化只是指使得某个量尽可能大,至于这个数量是否合适则并不重要。通过改变符号,人们可以将准则转化为使某个数量尽可能小。这样,最优化、最大化与最小化都是中性的数学术语,从数学的便利与喜好的角度来说,它们可以互相替换。

无论如何,一个最优化,即一个最大化,就确定了两个时刻间的全部历史。事件的真实过程最终转变成使上述特定的数量尽可能大。换言之,人们一战而告捷,即通过在已知的开始点和结束点之间的一次插入,就展开了完整的历史演变过程。这不是逐步的发展,不像在因果论中那样,是从开始按照时间前进的。

从生物学领域来看,这种差异是显而易见的。同样,从科学分离出去的众多领域也有类似情况。它通常被看作一个非常基本的差异:因果论过程与目的论过程被看作互相排斥、高度对立的解释现象的方式。因此需要注意的是,在科学中我们并不需要在这两种描述间做任何有意义的区别。实际上,经典力学有两种绝对等价的叙述方式,其中一个是因果论的叙述方法,另一个是目的论的叙述方法。两者描述的是同一事物——经典力学。牛顿的描述是因果论的,达朗贝尔的描述则是目的论的。200多年来这已经为人们熟知。两者之间的全部差别仅仅是数学变换。原则上,这种变换并不比用4代替2×2复杂。也就是说,利用纯粹的数学处理,人们可以证明,这两种方式都能准确地给出相同的结果。

因此,不论一个人说经典力学是因果论的还是目的论的,只是谈话当时的字面选择。这很重要,因为这表明,如果一个人真正从技术上深入理解了一门学科,那么以前看来完全对立的事物也许只不过是相互间的数学转换。表面看起来原理和解释具有深刻差异的事物,在这种转换方式下却表明,它们不影响任何有意义的论述和预言。它们对理论的实质内容毫无意义。

三

这样,我们有例子表明,一个理论可能有两种不同的解释,人们决定用哪种解释并不取决于通常被认为是有效的方式,而取决于数学的便利或喜好。

还有一个例子也反映了这种情况,但只是在一定范围内,一旦超出这个范围内,解释之间实质上的差异就会出现。这个例子就是量子力学。我只讨论涉及原子的电子层的理论部分,因为这是目前完全令人满意的理论部分。量子力学可以用两种不同的方式描述,有点类似前面讨论过的牛顿力学的因果论和目的论的解释,但是这种情况的差异不像前面那么显著和深刻。量子力学的第一个描述最早是薛定谔给出的,他把量子力学的这部分理论与光学做类比;第二个描述是海森堡的方法,他完全用概率语言来描述。

自从这两个描述被提出以来,人们在两方面都做了大量工作,并且进一步阐述。在这个过程中,人们证明了它们在数学上是等价的。近 20 年来,人们比较喜欢并倾向于统计描述(必须指出的是,在过去几年里已出现复兴另一描述的有趣尝试)。而且,不管量子力学取得了哪些成就,选择哪个描述的动机最终都与量子力学所不能满意描述的领域有关,特别是电动力学的量子理论,以及如介子及其继生粒子等基本粒子的量子理论。

我们在这方面所了解的内容远远少于量子力学的最初领域,我们现在正面临着严重的困难。人们喜欢量子理论的一个描述而不喜欢另一个的原因通常是:人们从直觉上希望,在把量子理论推广到那些还未被正确解释、未被恰当地理论化和得到控制的领域时,量子理论的某个解释能更有启发性。在最近 20 年里,人们普遍相信,问题的关键在于发现现有理论的正确的形式推广。如果事实果真如此,它将决定最终的选择。甚至当数学内容等价时,形式也有巨大的启发性和指导意义,并最终决定结果。

这个规则有个别例外。一些物理学家必定对这两个描述有一定的主观倾向。但是,几乎可以肯定的是,科学的"公众观点"最终只接受这样一种解释:它能以更大的威力成功地指明解释更广阔领域的途径。也就是说,虽然在薛定谔和海森堡的描述之间似乎有严重的哲学争论,但是这场争论很可能以一种非哲学的方式解决。最后的决定可能是机会主义式的。不论我们当时的主观选择是什么,能以更好的形式推广为更有效的新理论的理论将战胜另一理论。必须强调的是,这并不是接受正确理论、抛弃错误理论的问题,而是是否接受为了正确的推广而表现出更大的形式适应性的理论的问题。这是一个带有很大机会主义色彩的、形式的与艺术的准则。

（杨静译）

我们能在技术条件下劫后余生吗？[①]

"巨大的地球"正处于一个迅速形成的危机之中。由于技术进步所必需的环境变得既不够规模又没有秩序，因而产生了危机。为了给危机下精确的定义，并研究应付危机的办法，我们不仅要考察相关事实，而且必须进行一些推测。这一过程将解释随后 25 年里可能发生的技术进步。

20 世纪前 50 年里，加速发展的工业革命遇到了绝对极限——不是对技术进步，而是对重要的安全因素的限制。使工业革命从 18 世纪中期持续到 19 世纪早期的因素，实质上是地理、政治的**生存空间**问题：技术活动所需的日益广阔的地理范围以及更广泛的世界政治联合。这个安全机制可以承受技术进步产生的主要压力。

现在，这个安全机制正被严重抑制，可以毫不夸张地说，我们剩下的空间不多了。最终，我们开始迫切地感到地球有

---

① 原题为 Can We Survive Technology? 发表于 1955 年。本文译自：Collected Works of John von Neumann. Pergamon Press, Oxford, London, New York, Paris, 1963, Vol. Ⅵ, p. 504-519.

限的实际大小的影响。

因此，危机并不源于偶然事件或人类的错误，它是技术与地理的关系、技术与政治组织的关系所固有的。20 世纪 40 年代，危机变得更加明显，某些危机还可追溯到 1914 年。从现在到 1980 年，危机很可能会远远超出所有早期模式。没人知道它将在什么时候结束？如何结束？它将陷入怎样的泥潭？

危险——现在的和即将来临的

工业革命由三个要素组成：获得更多、更便宜的能量；更多、更容易地控制人类的行为和反应；更多、更快地交流。其中每个要素的发展都增强了其他两个要素的效果。这三个因素加快了大范围发展的速度，即工业的、贸易的、政治的和畜牧的。但是在整个发展过程中，增长的速度并没有缩短发展所需的时间，这不同于它们对地域面积扩张的影响。原因显而易见，因为大多数时间尺度受人类的反应时间、习惯及其他生理和心理因素的限制，所以技术发展速度的加快扩大了受技术影响的单位的大小，包括政治、行政、经济和文化单元。也就是不再像以前那样，在更短的时间里进行同样的运作，现在则是在同样的时间里实施更多的运作。这个重要的演变有个先天的极限，即地球的实际大小。现在正在达到这个极限，或者至少是十分接近这个极限。

这方面的迹象在军事领域早已显露。甚至到 1940 年,作为军事单位,西欧的许多国家都缺乏足够的实力,只有苏联能维持较大规模的军队而不致崩溃。从 1945 年起,仅仅是先进的航空和通信技术,就足以使任何地域,包括苏联,在未来的战争中显得渺小。核武器的出现使这一发展达到了顶点。现在攻击性武器的威力,让似乎公平的时间尺度变得无效。早在第一次世界大战期间,人们就发现,指挥作战舰队的总司令可以"在一个下午失去英国"。然而相对于工业技术惊人的进步而言,那个时代的舰队相对稳定、安全。如今,有足够的理由害怕,即使核武器方面的一个小发明和佯攻都是决定性的,而这所需的时间却短得让人来不及思考应对的办法。不久,现在的国家就会在战争中变得不稳定,就像一个大小如曼哈顿的国家在战争中使用 20 世纪初的武器一样软弱无力。

战争的变幻无常已经延伸到了政治上的压力。美国和苏联这两个超级大国代表了巨大的毁灭性潜力,几乎没有实现纯粹被动平衡的可能。其他国家,包括可能的"中立国",在一般意义上都没有军事防备能力。充其量,他们只能明哲保身,就像英国一样。因此,"权力的和谐",或者说国际组织所依赖的基础比以往更加脆弱。欧洲以外国家的民族主义新取得的政治影响进一步恶化了这一局势。

在"正常"情况下,在最近的某个世纪里,这些因素将会引发战争。它们会在 1980 年前引发战争吗？或者在这之后不久？试图明确地回答这一问题只能说是自以为是。但是不管怎样，现在和不久的将来都同样面临危险。当务之急是妥善处理现实的危险。同样重要的是，设想这一问题在 1955—1980 年的发展形势，假定目前的一切都还顺利。这并不表示轻视目前的各种问题：武器、美苏的紧张关系、亚洲的发展和革命。凡事有先来后到，但我们必须未雨绸缪，以免现在的努力徒劳无功。我们必须超出问题的当前形势，思考随后十年的状况。

当核反应堆成熟时

技术进步仍在加速进行。不论是在直接的还是间接的意义上，技术通常都是建设性的、有益的。然而，它们发展的后果却趋向于增加不稳定性——我们回顾一下连续发展的技术进步的某些方面后，就会发现这一点更加清楚。

首先，存在快速增长的能量供应。人们普遍认可的是，即使是传统的化学燃料——煤和石油，在未来 20 年里其产量也会持续增长。需求的增加抬高了燃料的价格，然而产煤方法的改进似乎能使能源价格降低。几乎毫无疑问的是，核能的出现是影响能源的最重要事件。现在核裂变反应堆是唯一可控制的核能来源。核反应堆技术似乎达到了如下状况：

一方面,在美国,核能将能与传统(化学)能源竞争;另一方面,由于国外燃料价格普遍偏高,核能在许多重要的对外领域更具竞争力。然而,核反应堆技术只出现了 15 年左右,在大部分时间里,人们所做的努力主要在钚的生产上,而不在能量上。倘若一个世纪里真正大范围的工业努力投入能量上,那么毫无疑问,核反应堆的经济特点将远远超出目前的那些能源。

而且,就像迄今所做的那样,所有可控制的核能释放好像都应与裂变反应联系在一起,但这并非自然规律。真实情况是,核能实际上是目前自然界中所有可见能量中最主要的来源,而且打破内核区域最先发生在原子核系统的不稳定"高地"(通过裂变)。然而,裂变并不是大自然释放核能的常规方式。长期以来,对核能的系统工业开发让人们转而信任其他更丰富的形式。

其次,核反应堆被牢牢束缚在传统的循环模式下:热—蒸汽—发电机—电,就像最初的汽车看起来像四轮马车一样。或许我们将逐渐发展出一套能够更自然、有效地适应新能源的模式,摆脱化学燃料的模式遗留下来的陈旧束缚。这样,几十年后,能量就会免费了,和不用定量供应的空气一样;而煤和石油则主要被用作合成有机化合物的天然原料,经验证明,它们的性质更适合于这样的用途。

"炼金术"与自动化

值得强调的是，主流将是系统研究核反应——元素的嬗变，或者与其说是化学倒不如说是炼金术。发展工业用途的核反应技术的要点是：适合于利用较小的场所进行大规模的开发，这类场所包括地球或更合适的类地工业基地。当然，大自然一直在正常地、大规模地进行着核反应，但是这一产业发生的"自然"地点是全部恒星。有理由相信，自然界进行核反应所需的最小空间是最小的恒星。受我们的家园实际情况的限制，在这方面我们必须做得比自然界更好。这并非不可能做到。在裂变的某些极端和特殊情况下，过去十年取得的重大突破已经证明了这一点。

一般来说，人们难以想象大量的元素嬗变对技术的影响，但是这种影响确实是根本性的。在相关领域已经可以感受到这一点。显然，军事领域正在进行着普遍的革命，但已经实现的巨大而可怕的毁灭性，却不应被视为核能革命的典型。它们却可以使人们看到：核能革命将如何深刻地改变它所触及的一切。同时，这场革命可能会触及大多数技术方面的问题。

同样会快速发展的是自动化，它完全不同于核的演变。过去几年中出现了对这个领域最新发展及未来发展潜力的有趣分析。自动化控制和工业革命一样古老,因为瓦特蒸汽机的一个新的重要性质是自动阀控制,包括控制速度的"调速器"。然而,在我们这个世纪,小的电动放大器和电子开关使自动化处于一个全新的地位。这个发展从电机(电话)继电器开始,继而是真空管,然后是各种固态装置(半导体晶体、铁磁芯线等)加速了这种发展。最近 10 年或 20 年,在一台机器上控制大量这种装置的能力日益增强,甚至一架飞机上的真空管数量就接近或超过 1 000 个。有的机器上有 10 000 个真空管,5 倍多的晶体管,以及可能多达 100 000 个芯线。现在这些机器可以长时间正常运行,每秒钟完成上百万条命令,而在一天或一周内只出现几次错误。

已经有许多这样的机器来完成复杂的科学、工程上的计算及大型的账目清算和后勤调查。毫无疑问,它们将用于复杂的工业流程控制、后勤设计、经济设计等和迄今仍完全超出定量的自动化控制和预先计划范围之外的许多方面。由于自动或半自动控制的形式简化,一些重要的工业行业的效率在最近几十年里大大提高。因此,人们期望不断出现的更加精细的形式沿着这些方向产生更大的影响。

从根本上来说,控制能力的提高实质上是一个组织或机构中信息交流能力的提高。这方面的进步是爆炸性的。直接的、物理意义上的交流进步是运输，这已经相当广泛并稳定下来了。如果核能的发展能够使人们无限制地获得能量，那么运输可能会加速发展。但海洋、土地、空气等媒介的"常规"发展也极为重要。正是这种"常规"发展塑造了世界的经济发展，产生了当前政治、经济的全球思想。

可以控制的气候

现在让我们考虑一个"不寻常"的产业及其前景，即一个尚未列入任何主要活动日程的产业：天气控制，或者用一个更为恰当的词：气候控制。曾经吸引公众注意的一个阶段是"人工降雨"。目前的技术可以造出大面积的雨云，并通过少量的化学药剂迫使其下落。很难估计迄今所做努力的意义，然而种种迹象似乎表明，我们的目标是可以达到的。

天气控制和气候控制远不只是降雨。主要的天气现象以及各种气候，最终是由照射到地球上的太阳能控制的。要改变太阳能的数量当然超出了人类的能力范围。但是，真正起作用的不是到达地球的能量的数量，而是被地球吸收的部分，因为反射回太空的那部分能量就像从未到达地球一样。现在，土地、海洋或大气所吸收的能量数量似乎容易受到各种微妙因素的影响。事实上，迄今为止，还没有一个因素能受人类控制,但是有足够的迹象表明,人们有控制它们的可能。

工业生产中燃烧煤、石油而释放到大气中的二氧化碳比上一代多了一半,这改变了大气的成分,使全球温度普遍升高了 1 华氏温度。1883 年,Krakatau 火山爆发,释放出许多能量,但绝不至于改变全球气候。如果喷发物中的灰尘没有在平流层停留 15 年,就不可能把全球温度降低 6 华氏温度(实际上停留了约 3 年,而 5 次这样的喷发就可以达到上述效果)。这应该是一个很重要的冷却过程。在最后的冰川期,北美洲的一半以及欧洲的西部和北部都被冰川覆盖,就像现在的格陵兰岛或南极洲一样,那时的温度比现在低 15 华氏温度。但是,如果温度高于 15 华氏温度,格陵兰岛和南极洲的冰就会融化,而且热带植物将扩展到亚热带地区。

"神奇的效果"

大面积的冰原不融化的原因是,它既反射了太阳光的能量,又以高于普通地面的速度辐射掉地球上的能量。分布在冰面上的有色物质的微观层或者更上面的大气层,可以抑制"反射—辐射"的过程,从而融化冰并改变当地的气候。从技术上说,影响这些变化的措施是可能的,所需的投资只相当于发展铁路系统及其他重要产业的水平。主要困难在于详细预测这种强烈干预可能产生的后果。不过,我们的动力学和大气控制过程的知识正在快速接近实现这种预测的水平。虽然现在还困难重重,但在大气和气候方面的干预或许在几十年内出现。

当然能够做的并不一定指应该做的。为了侵扰他人而创造新的冰川期,或为使人人满意而创造新的热带"间冰川"期,都不是明智之举。事实上,对普遍冷却或普遍升温的最终结果进行评估是一件很复杂的事。温度变化将影响海平面,进而影响大陆架沿海地区的宜居性;温度变化将影响海水的蒸发,进而影响降雨量和冰川;等等。人们不能马上看出温度变化对某个区域影响的利弊。但是,几乎可以肯定的是,人们可以进行必要的分析来预测结果,在任何想要的范围内进行干预,最终达到神奇的效果。特定地区的气候及降水量可以改变。例如,可以改变或至少可以遏制临时的扰动,包括造成中纬度地区典型冬天的冷(极地)空气的入侵和热带飓风。

没必要详述这些对农业,事实上是对人类及动植物生态系统各个方面的影响。这显示了对我们的环境和整个大自然的巨大控制力。

这些行动将比现今的或未来的战争，比任何时代的经济都更加名副其实地全球化。广泛的人类干预会极大地影响整个大气循环，而大气循环则依赖于地球的自转和热带上空密集的太阳能。在北极地带采取的措施可以控制温带地区的天气，在温带地区采取的措施可以严重影响地球上其他地区的气候。所有这些将比核武器威胁或已发生的战争能够更加紧密地把一个国家的命运与其他国家联系在一起。

适当的控制

免费的能源，更高程度的自动化，发达的通信，部分或全部的气候控制，这些发展有着共同的特点。

首先，虽然这些发展本质上都是有用的，但它们也会导致毁灭性的后果。即使是最可怕的核武器，也只是包括能量释放或元素嬗变这样一类有用方法的极端异化。关于天气控制的最有建设性的计划必须依赖的观点和技术，也会导致难以想象的气候战。技术与科学一样，它始终是中立的，仅提供可用于任何目的之方法，对所有人都一样。

其次，绝大多数这类发展具有从整体上影响地球的趋势,或者更确切地说,产生的效果可以从地球上一个地区影响其他地区。例如,这里存在着地球上的以及以地理为基础的制度上的冲突。当然,任何技术都和地理学互相作用,每种技术都会有自己的地域规则和形式。现在正在发展而将要影响未来几十年的技术,似乎处于与传统的冲突之中,处于与地理单元和政治单元与观念的全面冲突之中。这就是正在形成的技术危机。

面对这种形势需要采取什么行动呢？无论人们想做什么,必须考虑一个根本特点:那些制造危险与不稳定性的技术是有用的,或与实用密切相关。事实上,它们越有用,产生的后果也可能越不稳定。并不是某种特殊发明的破坏性制造了危险,技术的效率、技术的力量等本身就是矛盾的成就。其危险性是与生俱来的。

不可分割的科学

如果要寻求解,那么从一开始就排除那些不是解的部分是不错的办法。抑制这种或那种令人厌恶的技术形式并不能解决危机。首先,技术及其依据的科学的不同方面相互交织,只有除去所有的技术进步才可能抑制可恶的技术形式。其次,有益与有害的技术相互交错,根本不可能从羊群中区分出恶狼。那些费尽心思想从"公开的"技术中分辨出"保密"科学或(军事)技术的人,也知道这是不可能的。同理,在任何技术领域,把学科分成好的或坏的做法,在十年内很可能会变得毫无意义。

而且,在这种情况下,成功的区分必须是持久的(不像军事"机密",在几年的时间内也至关重要)。同样,有益技术与有害技术的交错,有害技术用于军事的可能性,是把赌注压在违规犯法上。因此,必须在全球范围内禁止某些特定的技术。但是,只有有关当局才能有效地做到这点,它们必须有远见卓识并追求完美,并且能最终解决国际问题,而不仅仅是找到解决问题的手段。

最后,我认为最重要的是,技术[难以与其基础(科学研究)区分开的发明、发展]禁令与整个工业时代的特征相矛盾,与我们时代所理解的主要智力模式不相容。很难想象,这种对人类文明的限制能够成功。只有当我们害怕的灾难已经发生,只有人类对技术文明的幻想彻底破灭,才能实施这一步。目前战争的灾难还没有达到让人类幻想破灭的程度,这一点可以由以下事实证明:工业生活方式以惊人的速度重整旗鼓,尤其是在最恶劣的环境下。技术体系保存了大量活力,甚至比以前更强大,对技术进行制约的呼声不可能引起关注。

幸存——可能性

比技术禁令更好的解决方法是从根本上取消作为"国家

政策的一种手段"的战争，这种愿望和约束我们的道德体系一样古老。每当大战之后，感情波动的幅度大大增强。它现在有多强？是增强还是减弱？肯定是增强了，实际因素和情感因素都很明显。至少对个人而言，这种增强是世界性的，超越了政治制度的差异。然而应该慎重评价它的持久性和有效性。

人们不会对反对战争的"实际"论据有所异议，但是情感因素可能不够稳定。人们对 1939—1945 年的战争记忆犹新，但不容易判断，大众的情感在战后将发生怎样的变化。在严重政治危机的压力下，1914—1918 年以后的巨变没有持续 20 年。未来国际冲突的要素现在显然已经具备，甚至比 1914—1918 年以后的情况更加明显。如果没有情感因素，很难说"实际"因素是否足以约束人类，因为过去的记录劣迹斑斑。事实上，"实际"原因比过去还多，因为战争的破坏性比过去大大增强。但是，过去曾不止一次观察到相同的迹象，却未能起到决定作用。事实是这一次毁灭性的危险是实实在在的而并非只有迹象。但无法保证，真正的危险比令人信服的危险迹象能更好地控制人类的行动。

还有什么安全措施可言呢？显然只有每天的或许是每年的机会主义的办法和一系列小的、正确的决定。这不奇怪。毕竟，危机来自迅速的发展，和可能的进一步加速，以及达成到某种临界的关系。具体地说，我们正在制造的破坏效果和"伟大的地球"是同一个数量级。实际上,它们对地球的影响是整体性的。因此,进一步的加速不再像过去那样通过扩大地域就能被消化。在目前情况下,期望有个新的灵丹妙药是不可能的。

对进步而言,没有什么补救的办法。任何尝试自动发现应付目前爆炸性进步的安全措施最终都将受挫。唯一可能的安全措施是相对的,而且依赖于日常决策判断的智力体操。

可怕的和更可怕的

当前,核战争的可能形式和极不稳定的国际局势带来的问题十分棘手。未来几十年可能同样令人不安,"并且更有甚之"。美苏关系十分紧张,但是,当其他国家感受到他们潜在的攻击性所造成的威胁时,事情会变得更加复杂。

目前的核战争可能带来的可怕后果也许会被那些更可怕的后果取代。也许全球气候控制成为可能之后,我们现在的麻烦会变得简单些。我们不能自欺欺人:一旦这种可能变成现实,它们就要被开发。因而,有必要建立新的合适的政党形式和规则。经验表明,即很小的技术改变也能深刻地改变政治和社会关系。经验还表明,这些转变并不能预见,而且对它们的"最早猜测"大多是错误的。由于以上种种原因,人们不必太在意目前的困境和所建议的改革。

　　一个铁的事实是，困境来自有用的、建设性的，同时又是很危险的进步。我们能以一定的速度进行必要的调整吗？最可能的答案是，人类已经经受过类似的考验，人类似乎天生能够经历各种苦难而劫后余生。事先开出完美的药方是不合情理的，我们只能具体指明所需的品质：耐心、灵活和才智。

（杨静译）

数学高端科普出版书目

数学家思想文库	
书　名	作　者
创造自主的数学研究	华罗庚著;李文林编订
做好的数学	陈省身著;张奠宙,王善平编
埃尔朗根纲领——关于现代几何学研究的比较考察	[德]F.克莱因著;何绍庚,郭书春译
我是怎么成为数学家的	[俄]柯尔莫戈洛夫著;姚芳,刘岩瑜,吴帆编译
诗魂数学家的沉思——赫尔曼·外尔论数学文化	[德]赫尔曼·外尔著;袁向东等编译
数学问题——希尔伯特在1900年国际数学家大会上的演讲	[德]D.希尔伯特著;李文林,袁向东编译
数学在科学和社会中的作用	[美]冯·诺伊曼著;程钊,王丽霞,杨静编译
一个数学家的辩白	[英]G.H.哈代著;李文林,戴宗铎,高嵘编译
数学的统一性——阿蒂亚的数学观	[英]M.F.阿蒂亚著;袁向东等编译
数学的建筑	[法]布尔巴基著;胡作玄编译
数学科学文化理念传播丛书·第一辑	
书　名	作　者
数学的本性	[美]莫里兹编著;朱剑英编译
无穷的玩艺——数学的探索与旅行	[匈]罗兹·佩特著;朱梧槚,袁相碗,郑毓信译
康托尔的无穷的数学和哲学	[美]周·道本著;郑毓信,刘晓力编译
数学领域中的发明心理学	[法]阿达玛著;陈植荫,肖奚安译
混沌与均衡纵横谈	梁美灵,王则柯著
数学方法溯源	欧阳绛著

书　名	作　者
数学中的美学方法	徐本顺,殷启正著
中国古代数学思想	孙宏安著
数学证明是怎样的一项数学活动?	萧文强著
数学中的矛盾转换法	徐利治,郑毓信著
数学与智力游戏	倪进,朱明书著
化归与归纳·类比·联想	史久一,朱梧槚著

数学科学文化理念传播丛书·第二辑

书　名	作　者
数学与教育	丁石孙,张祖贵著
数学与文化	齐民友著
数学与思维	徐利治,王前著
数学与经济	史树中著
数学与创造	张楚廷著
数学与哲学	张景中著
数学与社会	胡作玄著

走向数学丛书

书　名	作　者
有限域及其应用	冯克勤,廖群英著
凸性	史树中著
同伦方法纵横谈	王则柯著
绳圈的数学	姜伯驹著
拉姆塞理论——入门和故事	李乔,李雨生著
复数、复函数及其应用	张顺燕著
数学模型选谈	华罗庚,王元著
极小曲面	陈维桓著
波利亚计数定理	萧文强著
椭圆曲线	颜松远著